中职生安全教育读本

主 编 李声武

副主编 李振军 何志成 张振联 王 华

编 委 李 衡 张安勇 刘恒虎 肖万宝

谌生云

北京理工大学出版社

BEIJING INSTITUTE OF TECHNOLOGY PRESS

图书在版编目（CIP）数据

中职生安全教育读本 / 李声武主编 .—北京 : 北京理工大学出版社，2020.7 重印

ISBN 978-7-5682-3342-2

Ⅰ. ①中…　Ⅱ. ①李…　Ⅲ. ①安全教育-中等专业学校-教材　Ⅳ. ①X925

中国版本图书馆 CIP 数据核字（2016）第 269183 号

出版发行 / 北京理工大学出版社有限责任公司
社　　址 / 北京市海淀区中关村南大街 5 号
邮　　编 / 100081
电　　话 /（010）68914775（总编室）
（010）82562903（教材售后服务热线）
（010）68948351（其他图书服务热线）
网　　址 / http：//www.bitpress.com.cn
经　　销 / 全国各地新华书店
印　　刷 / 定州市新华印刷有限公司
开　　本 / 710 毫米 ×1000 毫米　1/16
印　　张 / 13
字　　数 / 272 千字
版　　次 / 2020 年 7 月第 1 版第 6 次印刷
定　　价 / 29.80 元

责任编辑 / 张荣君
文案编辑 / 张荣君
责任校对 / 周瑞红
责任印制 / 边心超

前言

社会的高速发展离不开高素质人才，只有具备良好职业技能和职业素养的劳动者才是社会所需要的。职业教育院校和广大教育前沿的工作者都朝着这个目标培养学生，使学生不仅能够掌握和运用扎实的知识和本领，而且养成珍爱生命和遵守安全生产要求的职业操守，从而全方位综合发展，成为具有竞争实力的高素质技能人才。

本书正是为了这一目的而写，并根据国务院颁布的关于安全生产的法案和全国职教工作会议精神，从中等职业学校培养目标和中等职业学校实际出发，以就业为导向，结合中职生特点和需要编写而成。

全书共分为七章，分别从校园内、外的安全防范，中职生上网安全防范、学生心理问题指导教育、国家安全保障和实际训练操作中的安全防范内容出发，深入剖析了学生在日常生活、学习和今后工作岗位上可能出现的安全危机，并详细阐明了预防和应对措施，本书文字浅显易懂，可读性、实操性强，还穿插知识库、小锦囊、案例搜索与知识模块，增强趣味性，以加深学生对知识的理解和记忆。

本书配合现行德育必修的课程内容，注重实操安全教育和道德规范教育两个方面，可以作为中职生和广大社会教育工作者学习和研究的教材。

编　者

Contents

目录

第一章 校园安全教育工作

第二章 预防和应对校园突发事件

第三章 校园外的安全防范

第四章 互联网安全防范

学生心理问题安全教育

国家安全保障

实训安全防范知识

第一章 校园安全教育工作

教学目标

中职生步入校园后，一方面要学习文化知识，另一方面要学会做人。学生在这一阶段需要正确的、积极向上的教育指导，特别是应该注重自我培养和锻炼，增强遵纪守法和安全防范的观念，预防由于缺乏法律意识和法制观念造成事故或受到侵害，本章主要阐明了学生在校园应接受的安全教育，使学生提高防范意识，形成良好的安全习惯。

教学要求

认知： 认识到安全意识对学生生活、学习以及未来发展的重要意义。

情感： 和谐、平安的校园是每一位学生健康成长的条件，而每一位学生具备安全知识和防范意识是和谐、平安校园的基础。

运用： 只有将技能学习和安全防范并重，才能使学生全面发展，顺利迈向未来辉煌的职业生涯。

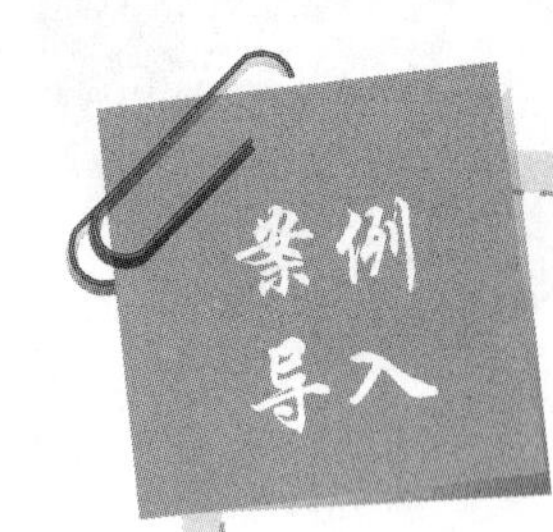

2008年10月9日下午，某中职院校新生与另外两名同学去市区超市买东西，后来与其他两人走散。他走到一货架前，看见地上有一个钱包，就去捡。这时有三个陌生人叫住他，说是同时看见的钱包，要求四人平分，然后就将这个同学带到一僻静处，要求把四人身上的钱和手机以及银行卡全拿出来放到一个大包里，并要求大家把自己的银行卡密码说出来。后来让这位同学看着大包（在此期间装钱和手机以及银行卡的大包已被另三人用相同的包调换），另三人分别找借口前后离开。他等了一个多小时不见人来，于是打开包，发现自己的800元钱与手机以及银行卡均不见。后经查询，卡里的19 000元钱被人取走。

2007年5月13日，广东商学院2007级财税专业毕业班至少7名学生的家长先后接到以“广东商学院教育科”名义打来的电话，对方称这些家长的子女发生车祸，正在留院治疗，要求家长即刻汇款至指定账户。诈骗者有的事先多次拨打毕业生的手机直至该学生厌烦而关掉手机，有的直接以公安机关办案名义要求该学生关机，随即拨打其家里电话行骗。家长接到诈骗电话后无法与学生取得联系而感到恐慌，有个别家长因此而上当受骗。其中，有一名学生家长被骗去10 000元。

知识点 1 概述

一、校园安全教育的重要意义

中国特色社会主义事业的建设和推进需要大批储备人才，尤其是技术能力过硬的人才。中职学生是技能型人才和高素质劳动者的后备军。在当今社会，一些扭曲的价值观——拜金主义、享乐主义、极端个人主义给中职生造成了负面影响。作为一个特殊的群体，他们的人生观、世界观、价值观、是非观处于正在形成的阶段。由于安全意识淡薄，部分中职学生行为失去规范，导致安全事故和违法犯罪案件居高不下，这已成为全社会关注的一个现实。如何才能让他们成为国家的栋梁，把他们培养和教育成祖国需要的人才，已成为当务之急。因此，在中职生间积极开展安全教育工作，使他们健康成长，成为有理想、有道德、有文化、有纪律的“四有”新人，意义非常重大，而为他们的学习和成长营造一个良好的环境，使他们顺利地走向社会，已经势在必行。

1. 每个公民应接受安全教育

接受安全教育是法律对公民的基本要求，也是公民维护自身合法权益的保障，是做一个合格公民的基本前提。市场经济体制的建立，是当代中国社会环境的一个最大最深刻的变化。它对人的素质提出了更高的综合性的要求，市场经济本身就是法治经济，市场经济必须有完备的法制做保障。市场经济强调等价交换，平等竞争；强调个人自由，人人平等；强调各尽其力，各显神通；强调主体间进行交往要加强安全防范意识。人们要善于用法律保护自己的合法权益，树立社会公德意识，不做损人利己的事情，尊重他人，恪守信用，遵守公共秩序，维护社会公德，讲究公共卫生，遵守职业道德，增强自己的保健意识，注重心理健康。

中职生作为市场经济的重要后备力量，只有单一的专业知识是不够的，必须完善知识结构，扩大知识面，既懂书本上的知识，也懂社会上的知识，才能增强社会适应能力。我们要由应试教育转变为素质教育，全面提高中职生的人格素质、精神素质，道德素质、文化素质、科学素质、健康素质和安全防范意识，提高中职生的法律意识和法制观念，使每本中职生成为合格的公民。

2. 安全教育使学生更全面地发展

学生在学校首先应学好自己的专业知识，做到德、智、体、美、劳全面发展，多学知识，一专多能，多专多能，培养自己的学习能力、创新能力和危机意识、参与社会活动的能力和竞争能力，为将来走向社会打下坚实的基础。同时，市场经济提供了一个比计划经济更为复杂和多变的广阔空间。在这个空间里，充满了生机和活力，让拥有知识的人有用武之地，但也充满了陷阱和艰辛，这不得不使中职生在学校里学会安全防范知识。随着“整体利益”的退位，“个人利益”正在走向市场、走向社会，竞争已成为每一个中国人求得生存的必要手段。一种全新的价值观念正被越来越多的人所接受，那就是“优胜劣汰，适者生存”。人们应认识到市场是不断变化的，人们的素质应跟得上社会发展的要求，应懂得尊重市场的变化，用新眼光、新方法去处理面临的新问题，才能摆脱被动的境地，才不至于被淘汰。因此，如何使中职生学会适应社会和求得生存、安全地进入社会、经受市场经济的检验和锻炼，已成为学校的基础性工作。只有实施安全教育，才能使学生认识到自己的责任和使命，才能使学生经得起市场经济的考验。另外，中职生在社会中的地位和作用也决定了中职生的安全意识和行为会对社会产生广泛的影响，对社会具有辐射作用。

3. 市场经济条件下安全教育的必要性

竞争是市场经济的突出特点。商场如战场，众多的商品生产者和服务者进行着尖锐复杂的竞争。通行着竞争规律的市场经济，迫使每个市场主体面临成功与失败的双重选择。竞争也带来另一个问题，就是随着市场竞争日趋激烈，经济欺诈事件多有发生，且有越演越烈的趋势。欺诈行为扰乱了社会经济秩序，损害了广大消费者和守法的商品经营者的合法权益。为了保证社会主义市场经济的健康发展，推进建设社会主义法治国家的进程，我们在对欺诈行为采取有力措施打击的同时，应采取法律措施加强防范，增强防范欺诈的意识，与各类欺诈行为进行斗争。另一方面，市场主体自身也应遵循诚实守信的原则，守法经营，不进行欺诈的违法犯罪活动。

在校中职生将要走向社会，参与市场大循环，融入市场经济中，学校应对其进行安全防范教育，教育他们同欺诈行为做斗争，使自己的合法权益得到保护，同时教育中职生在将来的工作中做到以诚待人，赢得他人的信任。

4. 安全教育使学生自觉使用法律武器

古语云：“授之以鱼，不如授之以渔。”因此，教导学生学会利用法律武器保护自己和他人，这也是学校安全教育工作中的一桩大事。

在一些未成年人受侵犯的案例中，许多事件是因为未成年人不会运用法律武器保护自己而造成的。因此，只有学生善于利用法律武器保护自己，并自觉运用法律武器与犯罪分子进行斗争，才能从根本上保护自己，遏制违法犯罪活动。

5. 安全教育使学生增强抗“病”能力

随着社会的发展和经济水平的提高，手机、电脑已成为生活的一部分，网络已覆盖每个角落。这些信息媒体在给我们带来丰富的精神文化享受的同时，也把一些不健康的东西带了进来。因此，无论是社会还是学校，在对学生进行生理和心理知识教育的同时，应引导学生有选择地接受外部信息，从而提高自身抗“病”能力。学校和各级部门要治理好学校内部秩序和周围社会治安，加强校园的安全保卫工作，为学生开办有益的活动场所，坚决打击危害学生健康成长的不法行为，切实保证学生有一个安静、和谐、健康的学习环境。

对待图书信息也应如此。有人说："书犹药也，善读者可以医愚。"但是，不加选择地阅读书籍，不仅不能"治病"，还能"致病"。我国有许多古典文学和现代作品都有引导学生积极向上的作用，因此，教师指导学生合理地选择读书，有利于增强学生抗"病"能力，提高学生的鉴别能力。在为学生提供良好的书籍同时，作为教师，要指导学生有选择地阅读书籍，从而提高他们的自我选择和判断能力，达到净化社会环境的目的。同时，有关部门也要对在校中职生经常光顾的书店、书摊等加强管理，坚决取缔不法行为，大力开辟社区、学校的阅读空间，组织各种读书活动，净化中职生学习天地，让真正的"书香"弥漫在他们身边。

总之，掌握安全知识，养成注重安全的习惯，既为自己和同学们创造了良好的学习、生活环境，也为把自己培养成遵法守法、奋发向上的新一代公民做出了努力，更为今后成长为胜任岗位需要的高素质劳动者和拥有成功的职业生涯创造了条件。

二、校园安全教育的指导原则

中职生的安全教育既关系到自身的职业前景，又关系到新中国未来的发展。所以在校的教育工作者，必须坚持以"以人为本"和"构建和谐社会"的重要思想为指导，树立和落实科学发展观，把公共安全教育贯穿于学校教育的各个环节，使广大学生形成"珍爱生命，安全第一，遵纪守法，和谐共处"的意识，并具备自救自护的素养和能力。

1. 强化安全教育，树立安全意识，一切从零开始

树立安全防范意识必须从"零"开始。总结我们身边发生的许多安全事故可以看出，事故发生往往是偶然因素和必然因素的结合。这就要求中职生从小事做起，在思想深处筑牢安全防线，做好一切可能的防范准备。安全工作重在防范，学校管理者和全体教职工都必须牢固树立"安全第一，预防为主"的意识。从生活中的点点滴滴，对他们加强"珍爱生命"的教育，让他们强化安全意识、知晓安全知识、培养自护能力。同时应该利用每一个机会，及时培养他们在实践作业中的安全意识，让他们将自身安全牢记心中。

2. 加强安全管理工作，要从严，要落实

安全教育必须有长远的规划，无论是上级领导还是班主任，都要具有前瞻性和科学的预见性，从机制、制度上消除安全隐患，从而构筑起校园安全的坚固堡垒。

（1）要形成从上至下皆重视的思想。上至各级教育行政部门的领导，下至学校的干部职工，都要充分认识到做好学校安全工作是我们教育工作者对国家、对社会、对人民、对未成年人应尽的基本责任和义务，要充分认识到安全工作的艰巨性和长期性，时刻把安全工作放在日常工作的首位。在抓好教育教学工作的同时，要切实抓好学校安全工作，从人力、物力上为安全工作提供保障和支持，建立和完善学校安全工作的长效机制。

（2）要将安全责任落实到具体的细节工作中。在实际工作中必须防微杜渐，避免小隐患酿成大祸害。这些细节问题，更多地落实到班主任和各科任课教师身上。只有关注教

学和班级管理中的每一个细节，关注学生的每一个细节变化，我们的安全日常管理工作才能落到实处，才可能避免管理的脱节和失控。

（3）安全管理工作的一个很重要的环节就是检查督促。可以采用明察与暗访相结合、抽查与普查相结合、平时检查与集中检查相结合、常规检查与专业检查相结合等方式。除各级主管部门要做好检查外，师生员工发现安全隐患都应及时报告，把隐患消灭在萌芽状态。

3. 强化安全教育，要以人为本

所谓以人为本，就是要注重专题活动教育。学校要定期组织并开展各种以“安全”为主题的活动，在活动中强化中职生的安全意识。利用社会实践活动，以实例给他们展示各种自救措施（特别是遇到犯罪行为如何处理）以及消防知识等，提高他们的安全防范意识和自护自救能力。在安全制度的管理上，也要把“以人为本”的意识贯彻其中。以制度促进安全习惯的养成，从而把以人为本抓安全的理念实施到学校生活的每一时段，贯穿于人文校园的每一个角落。确立安全意识是校园安全的前提与保障。在活动中，师生的“以人为本”的意识得到了激发，才能促进师生更加积极主动地关注校园安全，安全意识自然会深入人心。

三、安全教育内容的一般类型

安全，顾名思义，就是没有危险和不受威胁、不出事故的意思。**对于中职生的安全而言，首先是指读书期间平平安安、不出事、不违反法律和道德；其次是在市场经济条件下应临危不乱、洁身自好，经得起市场经济的考验，不面临被淘汰的危险；再则是财产不被偷盗、抢劫和被骗，身体不受攻击，精神人格不受威胁，女同学要谨防拐卖妇女儿童的人贩子。**安全涉及的内容多种多样，从不同的角度有不同的分法。

1. 从安全是否现实存在的角度看，可分为显性安全和隐性安全

显性安全 **是指在现实状况下不存在危险。** **隐性安全** **是在将来某个时间不存在危险。**如果现在安全，将来可能不安全，可能出现危险，那我们就不得不居安思危了。这种划分主要是在市场经济条件下，大锅饭被砸，人们不可能像原来那样完全靠国家和集体，人们就有了危机感。如果在现实的安全面前没有危机意识，将来可能就不安全了。这也是由传统的安全意识向现代安全意识转型的一种分法。站在中职生的角度，我们能从以前的小学升中学，再升入中职，应该是安全平稳的过程，在中职里基本可以安全毕业。但就业是否安全，是在校中职生不得不考虑的问题。

2. 从安全的主体看，可分为个人安全、家庭安全、群体安全和国家安全

个人安全 是指个人在社会生活、家庭生活以及国家政治生活中应得到和享受的安

全，其人身、财产和参与政治活动应得到尊重和保护。在家庭生活中应相互尊重，不发生虐待和遗弃。家庭是社会的细胞，家庭在社会中不被他人侵犯住宅和财产，夫妻关系不被第三者插足，不遭受拐卖妇女儿童的违法犯罪行为的侵害。群体是指机关、企业、事业单位和社会团体等单位，它们有自己的组织结构和法律地位，对外开展业务活动，其活动应有安全保障，如商标不被假冒，名称不被冒用，财产不被非法处置等。国家安全直接关系国家的生死存亡。维护国家安全，是每一个中华人民共和国公民的神圣职责。只有国家安全，才谈得上个人安全、家庭安全和群体安全。

3. 从安全存在的领域看，可分为政治安全、物质安全和精神（心理）安全

政治安全就是政治主体在政治意识、政治需要、政治内容、政治活动等方面免于内外在各种因素侵害和威胁而没有危险的客观状态。更简洁的说，政治安全就是在政治方面免于内外各种因素侵害和威胁的客观状态。物质安全是指人们的经济活动和所产生的物质财富的安全，如公民有劳动的权利和义务，劳动者休息权，获得报酬权和物质帮助权，财产不受侵犯权等。精神安全是人们对自己的主观世界及其成果所享有的安全，它包括人身自由权、人格尊严、受教育和从事文学艺术创作、科学研究和相互尊重等方面的安全，它使人自身产生一个健康、充实和愉快的心理。

4. 从性质上划分，可分为人身安全和财产安全

人身安全 **是指与主体人身不可分割的没有财产内容的安全，具体表现为身体不受他人威胁和打骂、人格不受他人羞辱，人身安全是财产安全的前提和基础。**

财产安全 **是指主体所有、使用、占有的财产不受损害、丢失、被偷盗和侵占，不被某种不利氛围所威胁。**

四、中职生安全教育工作的切入点

一个中职生应做到方方面面都有安全感，应在学习和生活中培养多方面的能力，切忌等靠思想。我们不妨用《国际歌》中的一句话与大家共勉：“从来就没有什么救世主，也不靠神仙皇帝，要创造人类的幸福，全靠我们自己。”

1. 从社会生存角度维护自身的安全

（1）制定自己的发展目标和培养自己的竞争意识。动力从目标中来，没有目标就没有动力。伟大的人生取决于伟大的目标，伟大的目标首先是长期的目标。人无远虑，必有近忧。没有长期的目标，可能会被眼前的困难和挫折所吓倒。生活中，你可能偶尔觉得有人阻碍你的进步，但实际上阻碍你自己进步的最大敌人就是你自己。有了伟大的目标，就应对自己的目标抱有坚定的信心。因为市场经济是一场残酷的竞争，竞争成功的决定性因素在于自身的实力。中职生应当把当代社会的浪潮当作一次挑战，一次发展契机。回避、抱怨、消极和幻想只会加重心灵的负担。当困难来临的时候，如果以前的方法不能奏效，绝不要轻言放弃，不如换另一种方法试试，直到找到解决问题的方法为止。另外，要明白

吃得苦中苦，方为人上人，天下没有免费的午餐；失败是一种财富，失败时，千万不要把失败的责任推给自己的命运，要认真分析失败的原因，失败是对人生的一次挑战和机遇，失败意味着人生中的一次危机，要想在生活中获得成功，最好就是把失败看成机遇。这样，危机就意味着转机；只有输得起，才能赢得起。失败时应振作，不断地朝着成功的目标努力。

（2）塑造个性，培养新观念。市场经济是呼唤个性的时代，塑造良好的个性，是时代的要求，也是我们适应时代的必备素质。成功的秘诀在于独辟蹊径。有位智者说过，第一个敢于吃螃蟹的人是勇士，第二个则是弱智。一个人要想成功，最好就是走别人没有走过的路，正因为别人没有走过，因此，这条路上的宝藏可以如数归你。相反，如果你沿着别人走过的路再寻宝，也许所剩无几了。要做到这点，缺少个性是很难实现的，新观念才能创造辉煌的前途。每一个灵感都是潜在的财富。有缺点的人不要自卑，要善于克服自身的缺点，发挥自身的特长。凡是能克服的缺点尽量克服，不能克服的便加以利用，认清自己的缺点，然后用行动来弥补，切忌做自欺欺人的事。与其坐而埋怨，不如起而行动，行动是培养个性和改变现状的捷径，行动本身也可以增强信心，可以在摸索中培养和提高自己。

（3）放下面子，毛遂自荐是走向成功的起点。面子是成功的最大敌人，是人生的最大危险和隐患，不怕丢脸，发掘自己的潜力和合作精神，主动推荐自己，说明自己已向成功迈了一步。因为在现代社会中，即使你是诸葛亮第二，如果还是隐居“茅庐”，守株待兔，恐怕不会再有刘备第二三顾茅庐、探而求之了，那么一条卧龙也只能自生自灭。我们应毛遂自荐，向社会推销自己，让别人欣赏自己、器重自己，用高价来雇用自己。而推销自己首先要突破心理障碍，然后把握好推销自己的最佳时机。向社会推销自己就是要让社会承认自己的存在和价值，不要害怕被拒绝，要是非分明、忍让适度、遇事冷静、待人谦和；要善于保护自己，要防微杜渐、言行谨慎、提高自己的气度涵养，因为自己是寻求机会的新人。

（4）破除铁饭碗观念，才是真正的安全。我们要认识到“物竞天择，适者生存”是市场经济社会中不变的规律。转换经营机制主要是打破“铁饭碗”“铁交椅”和“大锅饭”，这就要改革劳动用工制度、人事制度和分配制度。下岗分流和不包分配是中国走向市场经济必须付出的代价，习惯于靠单位吃饭的中国人，如今面临着严重的生存危机，中职生更是如此。下岗意味着失业，意味着丢失“饭碗”，要解决劳动力供大于求的矛盾，劳动者（包括中职生）必须具备多种劳动技能，在竞争激烈的劳动力市场增强自我“找饭碗”的能力和本领。这正所谓靠天靠地不如靠自己。怎么靠？一要有新观念，二要有真本事。市场经济机制的核心是竞争，包括人才竞争、就业竞争和市场竞争。市场经济在中国建立的过程，就是通过竞争来淘汰不适者的过程。守旧者，难过“市场关”；混世者，难过“生存关”。随着市场的发展，人们的素质应跟得上社会发展的要求，应认识到“形势逼人强”的真正含义，应懂得尊重市场变化，用发展的眼光和创新的方法去处理面临的新问题。贪图安逸、轻松、稳定，惧怕竞争和风险，依赖心强，高谈阔论，牢骚满腹的人，可能会丧失自食其力的生存能力。要使自己在市场经济中真正安全，必须培养敬业精神。

（5）处事小心谨慎，善于防范。在市场经济大潮中，不轻信小人，否则会毁了前程。社会骗子多种多样，其表现：一是职务“领导化”；二是职称“高级化”；三是经营项目扩大化，超越工商登记的范围；四是单位地址“虚假化”。此外，很多国人盲目迷信外国，迷信洋人，结果上当受骗，吃尽了苦头。这方面的例子和教训不少，作为在校学生，应提高警惕。

2. 从法律方面维护自身的安全

用法律维护自己的合法权益，不做有损法律的事。没有健全的法制，就谈不上市场经济的发展，谈不上社会的文明与进步以及国家的长治久安。随着我国法治的不断健全和完善，法治与社会秩序稳定越来越不可分，法治对人类文明、民主和秩序所做的贡献也越来越大。法治作为一种制度，它规定人们的权利、义务、权力和责任等，法治为人们成为一个合格公民提供了环境和条件。任何国家法治的一个起码的任务是保障公民的人身自由不受侵犯。17 世纪英国思想家霍布斯曾说过：“人民的安全是最高的法律。”任何国家的宪法和刑法、民法、程序法都载有保护人民生命、人身、财产等安全的规定。《世界人权宣言》第 3 条明确规定：“人人有权享有生命、自由和人身安全。”我国社会主义法律越来越注重对人权的保护，用诸多法律来保障公民的人身和财产安全，司法机关凭借国家强制力，依法对侵犯人权的行为予以及时有力的制止、处理、制裁，坚持一系列原则，履行一系列程序，如以事实为根据，以法律为准绳，公民在适用法律上一律平等，公开审判，被告有权获得辩护，两审终审、死刑复核，申诉等。司法机关对罪犯一方面加以惩处，另一方面仍然保障其健康权、人格权、合法财产权和控告申诉权等。行政机关在执法中如果侵犯了公民的人身权和财产权，公民有权提起行政诉讼。对造成人身和财产损害的，有权要求国家赔偿。我国还参加了大量的国际人权活动和人权条约。这些说明，我国越来越重视从法律上保护公民的人身和财产的安全。

试一试

安全教育与法制教育有什么异同？

作为中职生，学校应当在全体学生中反复进行法治的宣传教育，学习宪法、行政法、刑法、民法、经济法、商法和诉讼法等知识，学习学校的规章制度，使每一个学生都知法、懂法和守法，正确认识公民的权利和义务、完善自己的知识结构，增强法律意识和民主法治观念，将法律的知识和理论变成自己牢固的信念，并真正体现到维护社会主义民主和法治的行动上。使中职生真正懂得一个人在行使权利的时候，不得损害国家的、集体的和他人的利益，只有这样，人们才能维护自己的权利和自由，才能保证自己的人身和财产安全。对于当代中职生，只有单一的专业知识是不够的，必须完善自己的知识结构，扩大知识面，学好法律知识，提高自己的整体素质。中职生要做到在日常的学习工作中不偷、不抢，不打架斗殴、不伤害他人，不欺诈，遵守学校的规章制度和国家法律法规，尊重社会公德，遵守公共秩序，爱护公共财产，遵守交通规则，注意交通安全。要注意生活学习和工作环境的安全，不乱扔果皮、纸屑和玻璃器皿，不随意倒杂物脏物，悬挂物、搁置物要放稳牢固，危险物要妥善使用和保管，做实验要注意操作规程，攀爬建筑物等要注意安全，路上行走也要注意安全，野外实习也要注意安全，养成良好的生活习惯和道德风尚，加强自我防范和自我保护意识。只有这样，中职生才能真正维护自身的安全和利益。

知识点 2 治安防范

一方面，中职生学习期间的大部分时间在学校，学生自我防护意识的强化需要相关知识的积累；另一方面，由于大多数中职生从未离开过家庭独立生活，因而对集体住宿的环境仍然陌生。因此，加强自我防护意识，消除宿舍盗窃、校内欺诈、打架等侵害事件的隐患，已成为中等职业教育安全工作的重点。

一、室内盗窃

某年夏天一个闷热的深夜，某职校 5 号男生宿舍 301 房的门敞开着。大约在凌晨三点半，一个黑影迅速窜进了 301 房，先是在书桌上乱摸，似乎摸到了什么东西，就往口袋里揣。这时，睡在下铺的小李正在听收音机，他看到一个黑影正在宿舍里面移动，小李屏住呼吸，仔细地看，看见这个黑影正把宿舍小张桌上的东西往身上揣。小李一惊，心想：是小偷……不，这小偷敢到宿舍里面来偷东西，一定带了刀呀什么的，现在去抓他，弄不好是很危险的。不能叫！于是，小李又假装睡觉，一动也不敢动。大约过了五分钟，那个黑影溜走了。第二天，301 房的同学发现物品被盗，立即报告学校保卫部门。后来经同学们清点，发现小张的收录机、一支派克牌钢笔被盗；小林挂在床边的裤子被盗，口袋里有一个钱包，内有现金、学生证、身份证等物品；小杨放在抽屉里的钱包也被盗了，内有现金、饭卡、银行卡等物品；而小李也被盗了两支钢笔。被盗物品总价值 1 600 多元。

案件中，301 房被盗，主要存在以下几个问题：

（1）不关好门窗，给盗贼以可乘之机。案件中 301 房就是一个典型，宿舍里的学生因为天气闷热，在晚上睡觉时把门窗都打开，盗贼得以长驱直入。

（2）因害怕而不敢反抗。事实上，在学生宿舍这种特殊的环境下，发动广大中职生捉拿犯罪分子是比较容易的。另外，盗贼虽然敢偷东西，但内心是很脆弱的，若同学们能迅速组织起来，在宿舍内行窃的盗贼多半是跑不掉的。而 301 房的小李却采取了一种躲避的办法，假装睡觉而不敢大声呼叫，丧失了捉拿盗贼的时机。

（3）贵重物品随意乱放，造成更大的损失。从案件中我们可以看出，盗贼没有使用撬柜打锁的方法就轻而易举地盗得价值 1 600 元的财物，其主要原因是 301 房的同学对于贵重物品保管不善，比如，小张的收录机和派克牌钢笔没有入柜；小杨的钱包虽然放在柜内，但却没有上锁；而小林更是将装钱包的裤子挂在床边等。所有这一切，都说明了他们缺乏必要的防盗意识，以致造成较大的损失。正确的做法是：将贵重物品入柜并上锁，这样不仅可以避免和减少物品被盗，更可以增加盗贼的作案难度并拖延他的作案时间，便于打击盗窃犯罪分子。

现在的学生多数拥有比较贵重的物品及较多的现金。尤其是刚入学的新生，往往都带着大量现金用于支付学杂费，一旦被劫、被盗、被骗，不仅在经济上蒙受巨大的损失，还会分散精力、影响学习。因而，同学们要注意保管好自己的现金和贵重物品。

1. 常见的室内盗窃方式

❶ 翻窗入室	作案人翻越没有牢固防范设施的窗户、气窗等入室行窃。入室窃得钱物后，堂而皇之地从大门离去，因此，窃贼有时不易被发现。
❷ 顺手牵羊	作案分子趁主人不备，把放在桌上、走廊、阳台等处的钱物信手拈来，据为己有。
❸ 撬门扭锁	作案分子使用各种工具撬开门锁后入室行窃。
❹ 乘虚而入	主人不在，作案分子趁房门未锁之机入室行窃。这类盗窃手段要比“顺手牵羊”者毒辣，其胃口也比“顺手牵羊”者更大，不管是现金、存折、信用卡或者是贵重物品，只要让他看到，他就会统统盗走。
❺ 窗外钓鱼	作案人用竹竿等工具在窗外将被害人的衣服钩走。有的甚至把纱窗弄坏，钩走被害人放在桌上、床上的衣物和财物。因此，住在一楼或其他楼层靠近走廊窗户的同学，如果缺乏警惕性则很容易受害。

除这些以外，还有偷配钥匙，预谋行窃；也有以找人、卖东西等名义混入宿舍，伺机行窃等作案方式。

2. 如何预防室内盗窃

❶ 贵重物品的保管和现金的保管。

贵重物品和现金平时最好锁在抽屉、柜子里，以防顺手牵羊、乘虚而入者盗走。放假离校应将贵重物品随身带走或托可靠人保管，不可留在寝室。现金要及时存入银行，尤其是数额较大时要及时储蓄，千万不能怕麻烦。应选用适当的储蓄种类，就近储蓄。

❷ 要养成随手关门、锁门的习惯。

最后离开寝室的同学一定要锁门，不能怕麻烦。注意保管好自己的钥匙，不要随便借给他人。不要随便留宿不知底细的人，对形迹可疑的陌生人，应提高警惕。

❸ 住校生应尊重值班保卫人员。

学生应严格遵守学校对宿舍楼进出的规定，支持值班人员的工作。协助安全值班的同学要切实负起责任，提高警惕、严守岗位。

3. 如何应对室内盗窃

如果与盗贼狭路相逢，不妨机智周旋，尽量避免发生正面搏斗。可反锁门，寻求帮助；也可虚张声势，假装有人在一起。如遇上两个以上的盗窃分子结伙作案，在他们分头逃跑时要集中力量抓住一个。团伙作案被发现后，行凶伤人的可能性更大，应加倍注意安全。

不要破坏盗窃现场，保护现场。盗窃分子中的熟人和陌生人可能采取的盗窃手法或选择的时间地点会有所不同。盗窃现场往往会把真相透露给具有专业素质和专业手段的警察。所以，在警察到来之前保护现场才是明智之举。

要配合警察做好清点物品工作。当警察勘察完现场后，清点物品，计算财产损失金额，辨别哪些物品是盗窃分子遗留的物品。中职生的宿舍人员居住较多，流动性较大。所以要努力为警察破案提供有价值的线索，缩短警察办理案件的周期。

抓获窃贼后，一方面采取强制措施将其控制住，另一方面要通知学校保卫部门或派出所。要注意，抓住窃贼后不能疏忽大意，强制程度要适当。

二、室外防盗

1. 在体育场所怎样防盗

❶ 尽可能不携带过多现金、贵重物品。

这样做可以避免和减少损失。有保管处的，应将物品交由保管处保管，若无保管处，则应集中置于显眼处由专人看管或轮流看管，不能随意乱放。

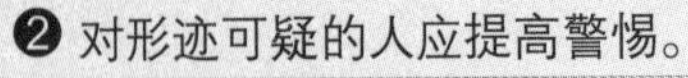

❷ 对形迹可疑的人应提高警惕。

对于那些东张西望或只注意别人物品或在物品周围徘徊的人，要特别注意，必要时可上前询问，但态度应热情。

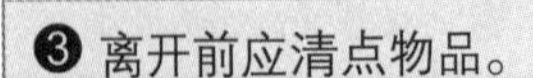

❸ 离开前应清点物品。

这样不仅可以避免物品遗漏，还可在物品被盗或者丢失时，能及时报告保卫部门，有利于保卫部门迅速组织人员进行围堵，抓获盗贼，找回被盗物品。

2. 银行存取钱时怎样防盗

❶ 最好能与他人同行，一个人在柜台前办理存取钱手续，其他人在后面照应。

❷ 取钱时，遇到不明白的事情，应向银行人员询问，尽量避免与周围的陌生人搭讪。输入密码时，要用手臂等部位挡住其他人的视线。

3. 在图书馆怎样防盗

❶ 严格遵守图书馆的规章制度。现在各高校图书馆都制定有内部规定或专门的防盗制度（如财物保管制度等），遵守图书馆的规章制度，有利于保持图书馆的有序、整洁，对于预防盗窃也有着重要的作用。
❷ 不可用书、衣服等物品“占位”。这种行为是缺乏公德的，同时也是非常危险的。因这种行为而发生的盗窃案在图书馆被盗的案件中占了很大比重。
❸ 衣服不能随意搭在椅子上，特别是装有现金或贵重的衣物，以防盗贼顺手牵羊。在公共阅览室里，切不可将贵重物品、现金随意放在桌上和椅子上，要做到现金、贵重物品不离身。需暂时离开时，应将现金、贵重物品带走或交同伴代管，且离开的时间不宜过长。

4. 在食堂怎样防盗

❶ 排队时，应注意周边环境，提高警惕。背着包裹、书包的同学尤其应注意身后的变化，以防有人浑水摸鱼。
❷ 随身物品不能随意置于身旁、身后，离开时应把物品带走。
❸ 饭卡不能随手置于桌上，饭卡最好加上密码，有必要时设立一次最高消费额。若发现饭卡丢失，应立即到食堂挂失。

5. 如何对付盗窃分子

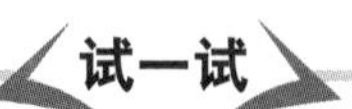

为了防盗，你觉得钱包一般放在什么地方安全？

以正压邪、头脑冷静、急而不乱、随机应变、注意安全，是中职生发现盗窃分子后应有的态度。要注意发挥同学的集体力量，组织同学进行围堵，尽量不要单兵作战。

对小偷、小摸的盗窃者，在人多的场合，可以高声喝令其停止盗窃，迫使其无法得逞；也可以告诉附近同学，共同制止其盗窃。对正在室内作案的盗窃分子，不应径直入室制止，而应迅速到外面喊人或报告巡逻民警及其他治安管理人员。如果发现已经得逞离开作案现场的盗窃分子，应当记住他们的特征（年龄、性别、身高、体态、相貌、衣着、口音、动作习惯以及身上的痣、瘤子、斑、刺花、残疾等各种特征，佩戴的戒指、手镯、项链、领花、耳环等各种饰物等情况）和逃离去向。对有交通工具的作案者，要记下他们车辆的型号、颜色、车牌号码，以便向公安部门报告，及时破案。在一般情况下，应尽量避免与盗窃分子正面接触，以免受到伤害，要机智、灵活地与盗窃分子做斗争。

三、防范抢劫和诈骗

2015 年 10 月 15 日中午，两名湖南籍年轻女子提着包混入某高校新生宿舍，进寝室后立即关上门，并拿出公司物品清单、进价表、工作证等假证件，很神秘地对学生进行推销。物品有相册、笔记本、乒乓球拍、笔芯、洗发水等，每样东西只卖 0.5 元。学生刚入学不久，以为很划算，有几位已开始动心。两名骗子便乘机说："你们不全买下，其他寝室的人也要，我怕他们人多乱说话被保卫处发现，所以没卖给他们，你们几个全买下，然后高价卖给同学，保准可以赚很多钱。"于是这几个女生共花 4 800 元买下了骗子的两大包东西，等骗子走后，她们三人开始打开包内的东西进行清理，发现除了几本笔记本、相册外，所有的笔芯都是假冒伪劣商品，根本写不出字。

在今天，我们更进一步强调中职生的人身安危的重要性，大张旗鼓地进行安全教育宣传，并将安全教育作为学生必修的一门课程，其原因是为了进一步适应实际形势发展。随着社会发展进步，中职生的生活空间也随之扩展，交流领域也在不断地拓宽。中职生不仅要在校园内学习、生活，而且还要走出校园参加众多的社会活动，危及人身安全的危险因素也随之增多。

1. 抢劫

（1）抢劫的概念及特征。

抢劫 是一种犯罪行为，是指以非法占有为目的、对公私财产的所有人或管理人当场使用暴力、胁迫或者其他方法强行劫取财物的行为。抢劫犯罪历来是我国刑法严厉打击的对象，刑法第 263 条规定：犯本罪的最高法定刑是死刑并没收财产，最低刑是 3 年以上 10 年以下并处以罚金。

这种犯罪的特点是：

❶ 侵犯的双重客体；
❷ 行为方式是当场使用暴力、胁迫或其他方法将财物抢走的行为；
❸ 主体（即犯罪人）是已满 14 周岁以上的人；
❹ 行为人主观上表现为直接故意并具有非法占有公私财物的目的。

正因为此类犯罪危害重大，因而也是我们防范的重点。校园内的抢夺、抢劫案件作案时间一般为师生休息或校园内行人稀少、夜深人静之时；作案地点大多发生于校园内比较偏僻、阴暗、人少的地方；抢劫的主要对象是携带贵重财物的、单人行走的、看电影或晚自习晚归无伴或少伴的、谈恋爱滞留于阴暗、人少地方的学生；作案人一般为校园附近不务正业、有劣迹的小青年。这些人一般对校园环境较为熟悉，往往结伙作案。作案时胆大妄为，作案后易于逃匿。

（2）预防抢劫的措施。

❶ 不外露或炫耀随身携带的贵重物品，单独外出不宜带过多的现金。
增强自我防范意识，保护好所有私人信息，尽量不要独自外出。
❷ 外出时尽量要结伴而行。
不要独自在偏远、阴暗的林间小道和山路上行走，不到行人稀少、环境阴暗或偏僻的地方或避开无人之地。尽量避免深夜滞留在外不归或晚归。穿戴适宜，尽量使自己活动方便。独自一人时不要显露出胆怯害怕的神情。在偏僻处时，要习惯性地看看后面，防止有陌生人尾随实施抢夺、抢劫。公共汽车上、商场内或排队拥挤时，注意把包放好或放在胸前，防止被盗或被抢。
❸ 对那些自称促销的人员，要先查明身份，提高警惕。
若只有一人在宿舍，不可盲目接待，防止发生入室抢劫案件。遇到警察查验身份时，要知道正式警察一般情况下都会穿警服或有校方人员陪同，必要时可先向对方要求出示警官证，防止坏人冒充警察抢夺抢劫作案。
❹ 平时提高防范意识。
检查加固宿舍等防范措施，对上门的陌生人要严加盘问，不要随便开门。对陌生人不要过于亲近，不要让陌生人知道你身上有巨款或贵重首饰等，也不要接受陌生人请吃的东西。

（3）如何应对抢劫。应对抢劫应保持镇定，针对不同情况采取以下几项措施：

❶ 尽力反抗	作案者在遭到反抗时一般都会心虚退却。如在人多的场合，就应及时发动进攻，制服或使作案人丧失继续作案的心理和能力。
❷ 尽量纠缠	可借助有利地形，利用身边的砖头、木棒等足以自卫的武器与作案人僵持，使作案人短时间内无法贴近，以引来援助者并给作案人造成心理上的压力。
❸ 寻机逃脱	无法与作案人抗衡时，可看准时机向有人、有灯光或宿舍区奔跑。如果已经处于作案人的控制之下无法反抗时，可按作案人的需求交出部分财物，采用语言反抗法，理直气壮地对作案人进行说服教育，晓以利害，造成作案人心理上的恐慌。
❹ 间接反抗	留下暗记，尾随其后。
❺ 注意观察掌握案犯特征	尽量准确地记下其特征，如身高、年龄、体态、发型、衣着、胡须、疤痕、语言、行为等。
❻ 及时报案	作案人得逞后，有可能继续寻找下一个抢劫目标，也可能在附近的商店、餐厅挥霍。各学校一般都有较为严密的防范机制，如能及时报案，准确描述作案人特征，可有利于有关部门及时组织力量，抓获作案人。

❼ 大声呼救	无论在什么情况下，只要有可能，就要大声呼救或故意高声与作案人说话。
❽ 智斗	不可一味求饶，要保持镇定或与作案人说笑，采用幽默的方式，表明自己交出全部财物，并无反抗的意图，使作案人放松警惕，看准时机反抗或逃脱控制。

2. 诈骗

（1）诈骗的概念。

诈骗 **是指以非法占有为目的、用虚构事实或隐瞒真相的方法骗取款额较大的公私财物的行为**。由于它一般不使用暴力，而是在一派平静甚至"愉快"的气氛下进行的，当事人往往容易上当。提防和惩治诈骗分子，需要中职生自身的谨慎防范和努力，认清诈骗分子的惯用伎俩，防止上当受骗。

（2）诈骗作案的主要手段。

❶ 推销紧俏商品，以假钞骗真钞。
不法分子张某和廖某探听到某中职院校刚发过奖学金，有意到女生宿舍行骗。她们带着紧俏的真皮背心去推销，优惠价 108 元，只收 100 元。行骗者事先就在衣兜里装好一张 100 元的假钞，买皮背心的女生付 100 元的真钞，行骗者接过去往衣兜里一插，马上又拿出来还给对方说："最好付零钱"。纯朴的学生万万想不到瞬间返还她的钱已经不是她刚才付的那张真钞了，又拿了两张 50 元的真钞付给对方。当得知上当时，行骗者已经不见了。
❷ 故意撞人，勒索钱财。
某中职院校的三位学生在灯光耀眼的大街上散步，有一名过路人莫明其妙地撞了过来。那人拣起落在地上的眼镜说："你眼睛瞎了，我这副眼镜是进口玻璃、进口镜架，一共 980 元"。不知"行情"的同学以为三张正理嘴，不愁搬输赢。想不到又走来一伙人，摆出一副公道的样子说："你们撞人不认账，还想打人，若不赔偿，我们要帮他摆平"。三位同学见势不妙，只得掏光身上的钱，还挨了一顿打。在回校的路上才明白，今晚遇到的是合伙作案的骗子和流氓。
❸ 骗取信任，掩盖作案真相。
某校附近个体小吃店主张某，主动与校内几个经常来店进餐的学生拉关系，表现得十分慷慨，不久即与学生交上朋友。学生们也常将张某带进学生宿舍玩乐。在以后一年多的时间里，学生宿舍的钱物经常不翼而飞，造成有的学生连生活费、路费也无着落，张某有时还主动资助一点。同学们之间互相猜疑，唯独对张某不曾怀疑。后经校保卫部门周密调查取证，终于查获了张某利用往来自由之便多次作案盗窃学生大量现金、物品的事实。

❹ 伪装身份，直接骗钱。

诈骗分子李某，西装革履，风度翩翩，持某电视台台长名片，提一部高级摄像机，来到一所中职院校的学生宿舍，声称要招收若干名电视台节目主持人，每人先交50元报名费，经考试合格录用。当即不少学生与李某结交，并有20多名学生报名交款。李某为这20多名学生录了像，说是带回去审核时作参考。结果，李某骗取1 000多元后，逃之夭夭。

❺ 利用关系，寻机盗窃。

诈骗分子王某在火车上遇到回家度假的学生杨某，故作热情大方与之交谈。攀谈中，该生轻易道出了自己的全部身世及在校情况，并说出自己同班好友龙某假期留校的情况。王某听后暗自高兴，随即下车，返身乘车来到这所高校找到龙某，声称自己是杨某最要好的“中学好友”，此次特意利用假期来找杨某，一同出去搞点“社会调查”，为撰写一篇论文搜集资料。龙某深信不疑，告诉对方杨某“刚刚离校”，并热情地提供了食宿方便。第二天，空虚的学生宿舍内8个寝室一片狼藉。王某在盗得300余元现金及微型收录机、计算器各1部后不辞而别（后在途中被校保卫部门查获）。

❻ 假装销“黄”，乘机敲诈。

某中职院校学生刘某和王某无聊闲逛到夜市场。有一人拿着录像“光盘”鬼鬼祟祟地推销说：“享受刺激，难得机会，有意者价格优惠。”这两个学生经不住诱惑。刚与其谈好价钱，就冲出一伙人说：“我们是便衣，你们敢干这种违法的事，是当场罚款，还是到所里接受审查。”行骗者诈光学生身上的钱还不满足，又坐出租车到学校里拿钱，碰上校卫队巡逻盘问，才被当场抓获。

❼ 投其所好，引诱上钩。

诈骗分子以帮助办理出国手续、介绍工作、卖紧俏商品等手法作为诱饵，达到行骗的目的。

❽ 丢钱是小，被骗是大。

犯罪分子结伙选择单身妇女行骗。先有人在该妇女面前丢钱，当其贪小便宜时，另一同伙便出现要分钱，再以种种借口将其诱骗到偏僻处，然后几个人一起抢劫受害人身上的现金、银行卡等财物，甚至会实施强奸。所以，中职生走在路上，旁边有人捡到一叠钱与你平分时，此时你千万莫贪小便宜，不要被金钱所诱惑。不要被犯罪分子的花言巧语所打动，更不要跟着陌生人到偏僻的地方去分钱，否则遭到抢劫后悔就晚了。

❾ 防“中奖信息”诈骗。

犯罪分子以“某公司为庆祝×××活动而进行抽奖，你中了二等奖”为由，要求你汇邮费、所得税、公证费等。当你上当把这些费用汇出后，他们又称搞错了，称你中的是特等奖，奖品价值更高，然后诱骗你再汇一笔更多的费用。

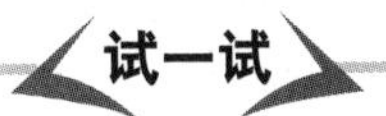

你遇到过手机信息诈骗吗？你是怎样处理的？

中职生对社会认识浅显，面对陌生来电与中奖信息，切莫当真，谨防上当受骗，警惕有人欺诈。坚决打击短信中奖、六合彩特码等诈骗行为。中奖信息纯属诈骗，六合彩特奖号码纯属虚有。

⑩ 坚信科学真理，切莫迷信上当。

犯罪团伙成员 3~4 人，每次行骗时出动 3 人。由 3 名女子或两女一男组成，选择对象为年龄在 50 岁左右且单独行走的妇女。犯罪分子同受害人一起行走时，会先借故与其聊天，受害者不知不觉中会将自己家中的一些情况透露给嫌疑人。受害人由于迷信心理严重，很容易就相信另一名嫌疑人的话，以致上当受骗。而当代中职生由于与社会接触越来越频繁，而相对社会经验较浅，往往对于一些困惑和难题开始求助于高人指点，所以成了骗子的另一选择对象。

因此，中职生要破除迷信心理，不让犯罪分子有机可乘；要提高警惕，不随便将个人及家庭情况透露给不认识的陌生人；遇到陌生人索要巨款时，基本可判断为诈骗犯罪，要及时报警。

⑪ 信用卡诈骗。

犯罪嫌疑人通过学生网上支付，用不法手段骗取储户卡号及密码，伪造信用卡进行诈骗。由于网上购物比市场价格明显偏低，中职生面对丰厚利润的二手货、走私车、热销货、违禁品难于明察秋毫，往往误入骗局。

中职生在网上购物，必须保持头脑清醒。一方面要对所购物品有清醒的认识，另一方面要保管好自己的账号密码；在办理业务（包括存取款、消费购物）时防止账号、密码被偷窥、窃取、拾取及骗取；不轻信来路不明的提示信息、广告等，如遇到不明之处，应与办卡银行及时联系核实、确认。

四、防范性侵犯

某中职院校女学生宿舍遭遇抢劫，某女生跟歹徒奋力反抗，因为力量悬殊，被奸杀。而在隔壁的女同学，从门缝看到这一惨剧后，强忍悲痛，一声不吭，待歹徒离开后迅速报警，最后逃过劫难，也赢得了破案时间。另一起案件中，一位女同学被歹徒劫持强暴时，女生一边假装顺从地脱衣服，一边叫歹徒脱衣服。就在歹徒的内衣蒙住眼睛时，女生撒腿就跑。女生不仅逃脱魔掌，而且因为及时报案，歹徒很快受到了法律的惩罚。

校园性侵犯分为强制性交和猥亵两种，常对学生的生理、心理造成极大伤害，甚至影响到受害者的一生，同时也会给受害者家庭、社会带来很大的负面影响。由于传统观念的保守性，导致同学们对性侵犯束手无策，而且往往还形成了错误的性观念，甚至形成不健全的人格心理。通常人们认为校园中的女生易受到性侵犯，但随着我国社会的多样化，男生受到性侵犯的案件也时有发生。所以，以下对性侵犯的预防与对策，男、女同学都应了解。

1. 性骚扰侵害的主要形式

（1）**暴力型性侵害。**暴力型性侵害是指犯罪分子使用暴力和野蛮的手段，如携带凶器威胁、劫持在校学生或以暴力威胁加之言语恐吓，从而对他们实施强奸、轮奸、调戏、猥亵等。暴力型性侵害的特点如下：

❶ 手段残暴	当性犯罪者进行性侵害时，必然受到被害者的本能抵抗，所以很多性犯罪者往往要施行暴力且手段野蛮和凶残，以此来达到自己的犯罪目的。
❷ 行为无耻	为达到侵害女学生的目的，犯罪者往往会厚颜无耻地不择手段，比野兽还疯狂地任意摧残、凌辱受害者。
❸ 群体性	犯罪分子常采用群体性纠缠方式对学生进行性侵害。这是因为人多势众，容易制服被害人而达到目的，还会使原来单个不敢作案的罪犯变得胆大妄为，这种形式危害极大。
❹ 容易诱发其他犯罪	性犯罪的同时又常会诱发其他犯罪，如因争风吃醋引发聚众斗殴或为了逃避制裁杀人灭口等恶性事件。

（2）**胁迫型性侵害。**胁迫型性侵害是指利用自己的权势、地位、职务，对有求于自己的受害人加以利诱或威胁，从而强迫受害人与其发生非暴力型的性行为。

其特点如下：
❶ 利用职务之便或乘人之危而迫使受害人就范。 ❷ 设置圈套，引诱受害人上钩。 ❸ 利用过错或隐私要挟受害人。

（3）**社交型性侵害。**社交型性侵害是指在自己的生活圈子里发生的性侵害。与受害人约会的大多是熟人、同学、同乡，甚至是朋友。社交型性侵害又被称为“熟人强奸”“社交性强奸”“沉默强奸”“酒后强奸”等。受害人身心受到伤害以后，往往出于各种考虑而不敢加以揭发。

（4）**诱惑型性侵害。**诱惑型性侵害是指利用受害人追求享乐、贪图钱财的心理，诱惑受害人而使其受到的性侵害。

（5）**滋扰型性侵害。**滋扰型性侵害的主要形式：一是利用靠近女生的机会，有意识地接触女生的胸部，摸捏其躯体和大腿等处，在公共汽车、商店等公共场所有意识地挤碰女生等；二是暴露生殖器官等变态式性滋扰；三是向女生寻衅滋事，无理纠缠，用污言秽语进行挑逗或者做出下流的举动对女生进行调戏、侮辱，甚至可能发展成为集体轮奸。

2. 容易遭受性骚扰侵害的时间和场所

夏天，是女学生容易遭受性侵害的季节。

夏天天气炎热，女生夜生活时间延长，外出机会增多。夏季校园内绿树成荫，罪犯作案后容易藏身或逃脱。同时，由于夏季气温比较高，女生衣着单薄，裸露部分较多，因而对异性的刺激增多。

夜晚，是女学生容易遭受性侵害的时间。

因为夜间光线暗，犯罪分子作案时不容易被人发现。所以，女学生应尽量减少夜间外出。

公共场所和僻静处所，是女生容易遭受性侵害的地方。

因为教室、礼堂、舞池、溜冰场、游泳池、车站、影院、宿舍、实验室等公共场所人多拥挤时，不法分子常乘机袭击女生；公园假山、树林深处、夹道小巷、楼顶晒台、没有路灯的街道楼边、尚未交付使用的新建筑物内、下班后的电梯内、无人居住的小屋等僻静之处，若女生单独行走、逗留，很容易遭到流氓袭击。所以，女生最好不要单独行走或逗留在上述这些地方。

3. 防范性侵害的原则和方法

（1）防范性骚扰侵害的基本原则。

❶ 筑起思想防线，提高识别能力。

中职女生应当消除贪图小便宜的心理。对异性的馈赠和邀请应婉言拒绝，以免因小失大。谨慎待人处事，对于不相识的异性，不要随便说出自己的真实情况，对自己特别热情的异性，不管是否相识都要加倍注意。一旦发现某异性对自己不怀好意，甚至动手动脚或有越轨行为的，一定要严厉拒绝、大胆反抗，并及时向学校有关领导和保卫部门报告，以便及时加以制止。

❷ 行为端正，态度明朗。

如果自己行为端正，坏人便无机可乘。如果自己态度明朗，对方则会打消念头，不再有任何企图。若自己态度暧昧、模棱两可，对方就会增加幻想。在拒绝对方的要求时，要讲明道理、耐心说服，一般不宜嘲笑挖苦。终止恋爱关系后，若对方仍然是同学、同事，不能结怨成仇，在节制不必要往来的同时仍可保持一般正常往来关系。参加社交活动与男性单独交往时，要理智地、有节制地把握好自己，尤其应注意不能过量饮酒。

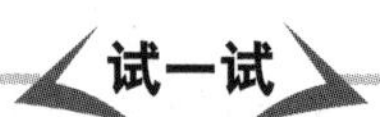

除了书上介绍的性侵犯预防，同学们你还有其他预防方法吗？

❸ 学会用法律保护自己。

对于那些失去理智、纠缠不清的无赖或违法犯罪分子，中职女生千万不要惧怕他们的要挟和讹诈，也不要怕他们打击报复。要大胆揭发其阴谋或罪行，及时向领导和老师报告，学会依靠组织和运用法律武器保护自己。千万注意不能“私了”，因为“私了”的结果常会使犯罪分子得寸进尺，没完没了。

（2）预防侵害的基本方法。

❶ 义正词严，当场制止。

当中职女生受到坏人的侵害时，要勇敢地斗争反抗，当面制止，绝不能让对方觉得你软弱可欺。可以大声呵斥：“住手！想干什么？”“耍什么流氓？”从而起到以正压邪、震慑坏人的目的。

❷ 处于险境，紧急求援。

当自己无法摆脱坏人的挑衅、纠缠、侮辱和围困时，立即通过呼喊、打电话、递条子等适当办法发出信号，以求民警、解放军、老师、家长以及群众前来解救。

❸ 虚张声势，巧妙周旋。

当自己处于不利的情况下，可故意张扬有自己的亲友或同学已经出现或就在附近，以壮声势；或以巧妙的办法迷惑对方，拖延时间，稳住对方，等待并抓住有利时机，不让坏人的企图得逞。

❹ 主动避开，脱离危险。

明知坏人是针对你而来，你又无法制服他时，应主动避开，让坏人扑空，脱离危险，转移到安全的地方。

❺ 诉诸法律，报告执法部门。

受到严重的侵害、遇到突发事件或意识到问题是严重的，家长和校方无法解决时，应果断地报告公安部门，如巡警、派出所或向未成年人保护委员会、街道办事处、居民委员会、村民委员会、治保委员会等单位或部门举报。

❻ 心明眼亮，记牢特点。

遇到坏人侵害你时，你一定要看清对方是几个人，他们大致的年龄和身高，尤其要记清楚直接侵害你的人的衣着、面目等特征，以便事发之后报告和确认。凡是能作为证据的，尽可能多记，并注意保护好作案现场。

❼ 堂堂正正，不贪不占。

不贪图享受，不追求吃喝玩乐，不受利诱，不占别人的小便宜。因为“吃人家的嘴短，拿人家的手软”，贪小便宜的人往往容易上坏人的当。

❽ 遵纪守法，消除隐患。

自觉遵守校内外纪律和国家法令，做合格的中职学生。不与不三不四的人交往，不给坏人在自己身上打主意的机会，不留下让坏人侵害自己的隐患。如已经结交坏人做朋友或发现朋友干坏事时，应立即彻底摆脱和他们的联系，避免被拉下水和被害。

4. 把握与异性的相处

在学生中的异性纠缠，主要是恋爱中的异性纠缠。这种纠缠来自两个方面：一是单恋者的纠缠，一方有情，另一方无意，有情者积极进攻，穷追不舍。某中职生追求一同班女同学，遭到拒绝，竟不顾影响，在众目睽睽之下，跪在女学生面前求爱。二是原来有恋爱关系，因为某种原因，一方提出终止恋爱关系，另一方无法接受，因而苦苦纠缠。

（1）如何摆脱异性纠缠。

❶ 态度明朗。
如果你并无谈恋爱的打算，对于那种单恋的追求者，你应该明确拒绝。如果是正在恋爱中或曾经恋爱过的对象，你要冷静地考虑一下有无重归于好的希望，如果没有，也要明确告诉对方，让对方打消念头。你应当知道，态度暧昧、模棱两可，对对方来说是一种希望，增加了幻想，因而也会带来更多的麻烦。
❷ 遵守恋爱道德，讲究文明礼貌。
在拒绝对方要求时，要讲明道理、耐心说服。要尊重对方人格，不可嘲笑挖苦，更不能在别人面前揭露对方隐私。例如，不要公开对方追求你的情书，不要谈论对方曾经对你有过某种非礼行为等。如果是中断恋爱关系，自己有责任的，也应主动承担责任，表示歉意。
❸ 要正常相处，但要节制往来。
恋爱不成，但仍是好同学、好朋友，不可结怨，更不可成为仇人、敌人。在交往中，最好要节制不必要的往来，以免对方产生“物是人非”的伤感，让对方尽快消除由于失恋所造成的心理上的伤害。
❹ 遇到困难，要依靠组织。
在你认为向对方做了工作以后，可能效果不大，仍制止不了对方的纠缠或者发现对方可能采取报复行为，要及时向老师或领导汇报，依靠组织妥善处理，防止发生意外事件。
❺ 女生要自爱自重。
女生作风上要稳重，生活上要俭朴，不要刻意追求打扮，不要在和男生交往中占小便宜，要钱要物，吃喝不分。要大方得体，不要随意向异性撒娇，流露出对异性的冲动，以免异性有非分之想。

（2）怎样处理好恋爱纠纷。正确处理好中职生中的恋爱纠纷，对于安定中职生生活，帮助中职生创造良好的学习环境，预防和减少刑事、治安案件的发生都具有重要意义。

- 处理恋爱纠纷，应当以双方当事人协商处理为主。
- 要有诚意。不管恋爱结局如何，都要有解决问题的诚意。只有这样，才能在协商调解中冲破障碍，求同存异，妥善解决争端问题。

- 严于律己，宽以待人。恋爱纠纷双方多做自我批评，防止加剧感情裂痕，铸成难以收拾的僵局。
- 涉及中断恋爱关系时，要持慎重态度。在感情好的时候，要看到对方的短处，在发生感情裂痕的时候，要想到对方的长处。要珍惜已经建立的爱情，不要人为地制造和加大裂痕。在双方感情矛盾中，有过错一方要主动承认错误，以取得对方的谅解。如果确无和好的可能或者一方坚持中断恋爱关系，也要面对现实，为了今后的长久幸福，果断地中断恋爱关系。
- 对于中断恋爱关系的，要处理好善后事宜。如：
  对方寄来的恋爱书信，尽可能退还对方；
  恋爱中，用于共同生活的款项，不管谁花了多少，以不结算为宜；
  互赠的礼品，按照民事法律关系中的赠予方面的规定，一般不索还。

你知道吗

女性正当防卫几招

◆ “喊”

有道是“做贼心虚”。色狼在实施犯罪行为时，大多数心虚。别小看喊声带来的风吹草动，它有可能阻止犯罪嫌疑人的主观恶性继续加深。假如色狼正处于犯罪初始阶段，女性应当大声呼救，以求得他人闻警救助。如一女性在夜晚行走时，被一名心生歹意者突然截住，她不顾一切大声呼喊，色狼惊吓，在逃跑中被闻声赶来的众人抓获。若女孩心有所忌，不敢呼喊，则必将遭害。

◆ “撒”

若只身行路遭遇色狼，呼喊无人，跑躲不开，色狼仍然紧追不舍。女性可以干脆就地取材，抓一把泥沙撒向色狼面部（女性为防侵害，可以在衣袋、书包内常备些食盐），这样做可以抢出时间报警。

◆ “撕”

如果“撒”的办法不起作用，仍被色狼死死缠住，打斗不过。女性可以在反抗中撕烂色狼的衣裤，令其丑态百出。尔后将他的烂衣裤（碎片、衣扣、断带）作为证据带到公安机关报案。

◆ “抓”

使劲撕仍不能制止加害行为的，可以向犯罪嫌疑人的面部、要害处抓去。抓时只有抓得狠、抓得死，将其抓破，才能达到制服色狼、收集证据的目的。将留在指甲里的血肉送公安机关，即可作为不法侵害的证据。

◆ “踢”

面对一时难以制服的色狼，可以拼命踢向他的致命器官，这样可以削弱他继续加害的能力。这一招不少女性在自卫中使用过，极见成效。

◆ “变”

若遭色狼跟踪，不要害怕，见机变换行走路线，一般都可将其甩掉。有一女工夜间回家，发现被盯上了。原路线前方不远即是偏僻路段。女工当机立断，迅速改变了回家路线，并在不远处果断地叩响了路边一户人家的大门。

知识点 3 人身安全防范

人身安全是指个人的生命、健康、行动等没有危险，不受到威胁。它是人们赖以生存与活动的首要条件。正是从这个意义上讲，我们说人身安全是安全之本。人身安全历来受到高度的重视，常言说的“安全第一”就是这个意思。

一、预防体育运动伤害

2008 年 4 月 26 日，某市职教中心的几名学生在打篮球时，一名学生不慎扭伤踝关节，由于其他几位学生不懂急救常识，急于将受伤同学送去医院，结果在拉扯中转动了伤者踝关节，加重了伤情。

身体好是劳动者素质的重要内涵，是职业生涯成功的重要条件。积极锻炼身体、增强体质是中职生提高就业竞争能力、实现职业生涯发展目标的重要途径。由于体育活动的特殊性，发生意外事故的可能性比较大。但是，我们不能因噎废食，只要在参加体育活动的过程中有强烈的安全意识，掌握体育活动的安全知识，就能防止意外事故的发生。

1. 体育运动中常见的伤害

常见的运动损伤有：**擦伤、撕裂伤、挫伤、肌肉拉伤、关节扭伤、骨折、脑震荡等**。造成运动损伤的原因是多方面的，如思想麻痹大意、准备活动不充分、技术动作不当、运动量过大、身体疲劳或情绪低下、场地不平整等。

2. 预防措施

同学们在上体育课或课外进行体育活动时，一定要注意安全，避免运动损伤。

（1）安排好锻炼时间和运动项目。应根据不同时间选择不同的运动项目。清晨运动时间不宜太长，运动量不能太大，以免引起过早抑制，影响上午学习。晨练时间一般在 10 ~ 20 分钟，运动项目以做徒手操为主，也可进行短距离的慢跑，有条件的可进行常年的冷水锻炼。课间活动为 10 分钟，活动项目以广播操和眼保健操为宜。课外活动一般 1 ~ 2 小时，可进行较剧烈的运动项目或比赛。睡前 20 分钟可进行为时较短的缓和的运动，如练气功、做操、散步等，可以缓解脑神经的兴奋和消除肌肉的紧张，有利于睡眠。

（2）遵循体育锻炼规律。锻炼身体要取得良好的效果，必须遵循增强体质的生理规律和心理活动的规律，适量负荷，因人而异；循序渐进，持之以恒，运动量要由小到大，技术动作要遵循由易到难、从简到繁这样一个逐步发展逐步提高的过程。同时要养成每天锻炼身体的良好习惯，每天至少锻炼半小时。若运动时间间隔太长，则不能起到增强体质的效果。

（3）正确掌握运动项目的技术要求。参加某一项运动前，必须熟悉运动项目的技术要求，了解该项目易发生损伤的技术动作与部位，做好充分准备，采取相应的措施。

（4）做好准备活动。准备活动的内容和量度要根据活动的性质、个人身体状况、气象条件而定。准备活动结束与正式运动间隔时间以 5 ~ 8 分钟为宜。一般做到身体发热，微微出汗即可。冬天准备活动应适当增量。

（5）加强运动中的保护。中职生锻炼时要学会自我保护；练习危险动作要由教练或有经验的保护者进行保护；在单项有身体接触的比赛中，不与各方面条件有极大悬殊的对手进行对抗；对自身易伤和较弱的部位要格外小心，加强保护；不使用损坏的器械进行锻炼；不在场地条件太差的地方活动，不随意摇晃运动器械。

3. 如何应对运动损伤

如果发生运动损伤，要及时治疗。可根据受伤程度，采取不同应对措施。

（1）皮肤撕裂伤。

皮肤撕裂伤 **是指皮肤受外力严重摩擦或碰撞所致的皮肤撕裂、出血。**轻者，消毒后用胶布黏合或用创可贴敷盖即可；面积较大者，则需请医生止血缝合和包扎。必要时酌情使用破伤风抗毒素，肌肉注射，以免引起破伤风感染。

（2）皮肤擦伤。

- 皮肤小面积擦伤，若在一般部位，可用红药水或碘水局部涂擦不需包扎；而关节及其附近的擦伤，则应首先局部消毒，再涂以消炎软膏，以免局部干裂影响锻炼，若感染，则极易波及关节。
- 皮肤大面积擦伤，首先应用生理盐水清洗，然后局部消毒，最后盖以消毒凡士林纱布和敷料，并包扎。必要时可加抗生素，预防感染。

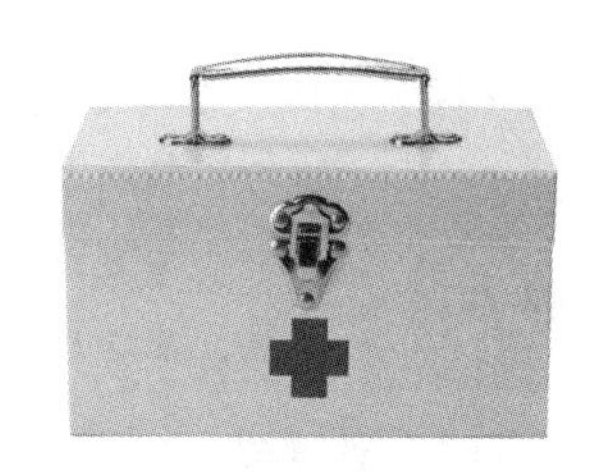

（3）刺、切伤。

刺、切伤 **是指运动中被尖锐器物刺破或刀割所致的伤**。处理方法同撕裂伤。伤口小而浅者，无须缝合，深而宽者，则应去医院缝合后酌情使用破伤风抗毒素，并使用抗生素预防感染。

（4）挫伤。

挫伤 **是指在钝器直接作用下，人体皮肤或皮肤下组织所受的伤**。如运动时相互冲撞、踢打所致的伤。

❶ 征象	单纯的挫伤仅局部青紫，皮下淤血肿胀、疼痛。以四肢多见，可伴有功能障碍。严重者可合并肌肉断裂、骨折、失血、内脏损伤和脑震荡。若合并内脏损伤，患者常伴休克，则应及时送医院救治。
❷ 处理	局部休息，限制活动，在 24 小时内冷敷和加压包扎，患肢抬高。疼痛明显者可服去痛片，外用风湿跌打膏、伤湿止痛膏等。48 小时后可开始理疗和按摩，肢体开始活动。若有血肿，可局部消毒，用火针刺入放血并包扎。必要时可使用抗生素药物，以预防感染。

（5）关节韧带扭伤。

关节韧带扭伤 **是在间接外力作用下，使关节发生超常范围转动，而造成的关节内外侧韧带部分纤维断裂，易发于踝、膝、腕、掌指、腰和颈椎关节部位**。如踝关节扭伤后不能搓揉按摩，也不要敷热毛巾，应立即停止运动，可用冷水浸过的湿毛巾或冰块冷敷，冷敷冰袋或冰块应用干毛巾包裹，不可直接接触皮肤，以免冻伤。踝关节制动可采用胶带、石膏或护踝支具固定。受伤部位的制动、加压包扎和冷敷可有效地减少韧带断裂部的出血，缩短愈合时间，减少日后血肿机化性疤痕，这是急性踝关节扭伤早期最基本的处理方法。若踝部扭伤超过 24 小时，则应改为热敷，以改善血液循环，利于伤处淤血的吸收。每次热敷 30 分钟即可。踝关节受伤，还可以端坐或仰卧，一手握住伤侧足跟，一手握住足尖，先将踝关节缓慢拔伸，再做踝关节的伸、屈、内翻、外翻动作，同时缓慢地捋筋通络。

（6）肌肉拉伤。

肌肉拉伤 **是指在外力直接或间接作用下，使肌肉过度收缩或拉长所致的肌肉纤维损伤或断裂**。极易发于下肢、肩胛、腰背部和腹直肌等部位的肌肉。

❶ 征象	局部肿胀、疼痛，明显压痛，肌肉紧张或痉挛，摸之发硬，活动时疼痛加重。有肌肉断裂时，则局部肿胀明显，伴有皮下严重淤血和功能障碍，也可摸到凹陷或异常膨大的断端。
❷ 处理	轻者可立即休息，抬高患肢，局部冷敷并加压包扎。若肌肉大部分或完全断裂，应加压包扎并立即送往医院处理。

（7）脑震荡。

脑震荡 **是指头部受外伤后因脑神经细胞受到震动而引起的意识和机能的暂时障碍**。

❶ 征象	暂时性意识障碍和昏迷，时间从数秒到半分钟不等（重度脑震荡者昏迷在 1 小时以上，有的甚至几日不醒）；逆行性遗忘（受伤前后的经过不能回忆，但对往事记忆清晰），伴有头疼、头晕、恶心呕吐，可持续数日，神经反射和脑脊液检查正常，血压、呼吸、脉搏基本正常。
❷ 处置	卧床休息直至上述症状基本消失。另外，遵医嘱用药物对症治疗，如服止痛片、镇静药等。遇有下列情况之一的，应立即送医院处理：昏迷不醒；虽清醒，但头疼、呕吐剧烈；两眼瞳孔不对称或清醒后再次陷入昏迷，提示有颅内出血的可能。

（8）骨折。

骨折 **常由运动中身体某部分受到直接或间接的暴力撞击而造成**。骨折是比较严重的损伤，但发病率很低。常见的骨折有小腿骨折、肋骨骨折、脊柱骨折等。

❶ 征象	骨折发生后，患处立即出现肿胀，皮下淤血，疼痛剧烈，肢体失去正常功能，肌肉产生痉挛，有时骨折部位发生变形，移动时可听到骨摩擦声。严重骨折时，伴有出血和神经损伤、发热、口渴甚至休克等全身性症状。
❷ 处理	骨折发生后不能随意移动患肢，应用夹板或其他代用品固定伤肢，若伴有休克出现，应先进行处理，即点按人中穴，并进行口对口人工呼吸或胸外心脏按压；若伴有伤口出血，应同时实施止血和包扎，及时护送至医院接受检查和治疗。

（9）溺水。

❶ 溺水自救	溺水后，首先不能惊慌失措，要大声呼救，并憋住气躺在水面上，顺水漂流，等待救援或漂到岸边。其次，要尽量将头部伸出水面，找寻身边有无木板、竹竿等物。另外，当有人游过来救援时，要与之主动配合，不要紧抱救援者，以防“同归于尽”。
❷ 他人抢救	如果附近有救生圈、竹竿、木板或绳子等，应赶快抛给溺水者或可携带入水，以便营救。如果溺水者距岸边较近而且在水中挣扎，就要看准目标，两脚前后分开，两手平伸地跳入水中。如果距溺水者较远，就应采取自己最熟悉的入水动作迅速游向目标进行救护。在接近溺水者时，最好从他的身后接近。接近后，一手应迅速托他腋下，使溺水者头部露出水面。若溺水者仍继续挣扎，可用臂压住他的一臂，而手则抓住他的另一臂，使溺水者不能攀抓，然后将其头部托出水面，用反蛙泳（蛙式蹬腿的仰泳）或侧泳托带溺水者上岸。
❸ 人工呼吸	将溺水者救上后使其仰卧，面部向上，颈后部（不是头后部）垫一软枕，使其头尽量后仰。施救者位于病人头旁，一手捏紧其鼻子，以防止空气从鼻孔漏掉，同时口对口地进行吹气。反复进行，成年人每分钟约 12 次。吹气要快而有力。此时，要密切注意病人的胸部，如胸部有活动，立即停止吹气。

二、防止滋扰群殴

王某在某职业中专读书，前不久上体育课休息时，被几个混入校内的社会青年打伤并将身上的财物抢走。而其本身也被持续围殴时间较长，因当时既没有保安出现，也没有其他人来制止，打人者行凶后扬长而去。王某被同学送往医院后报警。住院期间王某共花去医疗费用一万多元，后经公安机关法医鉴定为轻微伤，但是心理上所造成的伤害是不能短期治愈的。警方已立案侦查，但因打人者潜逃未能抓获，医疗等赔偿也无从提起。

走进学校门的中职生，不仅要用科学知识武装自己的头脑，更要有用敏锐的眼光观察社会，建立起科学的世界观、人生观、价值观，处理好知识、智力、素质、爱国之间的关系。这里知识、智力十分重要，而素质特别是安全素质是这一切的基础和保障，所以说，加强学校的安全教育、增强中职生的安全知识、强化中职生的安全意识是十分必要的。

滋扰，从广义的角度讲，是指外部人员无视国家法律和社会公德而寻衅滋事、结伙斗殴、扰乱社会秩序等行为。从狭义的角度讲，滋扰主要是指对校园秩序的破坏扰乱，对中职生无端挑衅、侵犯乃至伤害的行为。滋扰是一个涉及学生、家庭、社会等诸多方面的复杂的社会问题，中职生必须提高警惕，尽力预防和制止外部滋扰，以保证学校教学、实训和生活的正常进行。

1. 中职生受外部滋扰常见的形式

- 校外的不法青少年在与少数中职生进行交往时，一旦发生矛盾或纠葛，便有目的地入校寻衅滋事、伺机报复等。
- 有的不法青年，在游泳、沐浴、购物、看电影、参加舞会、观看比赛甚至走路等偶然场合，与中职生发生矛盾，进而酿成冲突。
- 有的不法青年，专门尾随中职院校女生或有目的地到学生宿舍、教室等处污辱、骚扰、调戏女生，甚至对女生动手动脚，致使女生受到种种伤害。
- 青少年犯罪团伙邀约到校园内斗殴滋事，从而使围观或路过的中职生无端遭殃。
- 外来人员或某些法纪观念淡薄的教职工子女与学生争抢活动场地，从而引发矛盾和冲突。
- 一些游手好闲的青少年，把学校变为玩乐场所，在校园内游逛或故意怪叫漫骂、吵吵嚷嚷或有意扰乱秩序，以搅得鸡犬不宁为乐，显得旁若无人、不可一世，似乎“老子天下第一”。中职生作为学校的主人，与这类人员发生正面冲突的可能性很大。

试讨论外来滋事者的目的和动机。

有的不法青年，喜欢在师生休息的时候不停地拨打电话，或者无聊地谈天说地，或者口吐污言秽语，搅得别人不能入睡为乐，这就是电话滋扰。少数无赖之徒，千方百计地打听异性中职生的姓名和电话号码，然后不停地给其写信、打电话，不是低级庸俗的谈情说爱和造谣中伤，就是莫明其妙的恐吓和威胁，甚至敲诈勒索，从而造成被害人在精神上非常痛苦，这即是信件电话滋扰。

滋事者大多是一些有劣迹、行为不轨的青少年。这些人行动的目的和动机往往只顾满足眼前欲望而不顾后果，容易受偶然的动机和本能所支配，他们自制力差，小小的精神刺激即可使之陷入暴怒和冲动之中。有些则结成团伙，蛮横无理、为所欲为、称霸一方。入校滋扰者，有的事先有明确的目的，有的并无确定目标。无论是哪种形式，受滋扰的对象往往都是中职生。一些地处城乡接合部或周围居民点密集的院校，受滋扰的程度可能会更严重一些。

2. 中职生应当怎样对待外部滋扰

寻衅滋事是典型的流氓活动。在校园内故意起哄、强要强夺、无理取闹、追逐女生或女教师等流氓行为，不仅直接危害师生人身安全和财产安全，而且还会破坏整个校园的正常秩序。对此，除学校有关职能部门和公安机关等组织力量防范和打击外，师生遇到流氓滋事时，都有义务进行抵制和制止。只要有人挺身而出，发动周围的师生共同制止，流氓即使人多势众也会有所收敛。一般情况下，在校园内遇有流氓滋事，一方面要敢于出面制止或将流氓分子送有关部门，或及时向学校保卫部门报案，或打“110”电话报警，以便及时抓获犯罪嫌疑人，予以惩办。另一方面，要加强自身的修养，冷静处置，不因小事而招惹是非，积极慎重地同外部滋扰这一丑恶现象作斗争。

具体地说，中职生在遇到流氓滋事时，应注意把握以下几点：

❶ 提高警惕、做好准备、正确看待、慎重处置。

面对违法青少年挑起的流氓滋扰，千万不要惊慌，而要正确对待。要问清缘由、弄清是非，既不畏惧退缩、避而远之，也不随便动手、一味蛮干，而应晓之以理，以礼待人，妥善处置。

❷ 充分依靠组织和集体的力量，积极干预和制止外部滋扰行为。

如发现流氓滋扰事件，要及时向老师或学校有关部门报告，一旦出现公开侮辱、殴打自己的同学等类恶性事件，要敢于见义勇为，挺身而出，积极地揭露和制止。要注意团结和发动周围的同学与教职员工，对滋事者形成压力，迫使其终止滋扰。

❸ 注意策略、讲究效果、避免纠缠、防止事态扩大。

在许多场合，滋事者显得愚昧而盲目、固执而无赖，有时仅有挑逗性的言语和动作，叫人可气而又得不到有效证据。遇到这种情况，一定要冷静，注意讲究策略和方法，一方面及时报告并协助有关部门进行处理；另一方面采取正面对其劝告的方法，注意避免纠缠，目的就是避免事态扩大和免得把自己与无赖之徒置于等同地位。

❹ 自觉运用法律武器保护他人和保护自己。

面对流氓滋扰事件，既要坚持以说理为主，不要轻易动手，同时又要注意留心观察、掌握证据。人身安全遭遇危机时，还要留意各种特征，如滋扰者的面部特征、衣着款式和颜色、车身颜色、车牌号等。此外，证据的收集和保全工作也很重要。

- 加害人使用的凶器、遗留的其他物品，受害人受伤的照片、录像等都是证明案件的必要证据。对待这些证据要注意收集、妥善保存，避免遗失。
- 还要注意保全，比如，危机发生的现场及受害人的伤情有条件的话应拍下来，并注意保留目击证人的电话、地址，以便日后提供给公安部门。

中职生除积极防范和制止发生在校园内的滋扰事件外，更应加强自身修养，不断提高自己的综合素质，严格要求自己，决不能染上流氓恶习而使自己站到滋事者的行列中去。

3. 中职生的正当防卫

有些中职生在参加打架斗殴后为自己辩解，常说自己打架是正常防卫。**正当防卫是指为了使国家、集体、本人或者他人的财物、人身和其他权利，免受正在进行的不法侵害所采取的行为，**是公民的一种权利和义务，与打架斗殴有本质区别。

《中华人民共和国 / 刑法》第二十条规定："为了使国家、公共利益、本人或者他人的人身、财产和其他权利免受正在进行的不法侵害，而采取的制止不法侵害的行为，对不法侵害人造成损害的，属于正当防卫，不负刑事责任。正当防卫明显超过必要限度造成重大损害的，应当负刑事责任，但是应当减轻或者免除处罚。对正在进行行凶、杀人、抢劫、强奸、绑架以及其他严重危及人身安全的暴力犯罪，采取防卫行为，造成不法侵害人伤亡的，不属于防卫过当，不负刑事责任。"

正当防卫必须同时符合以下 4 个条件：

- 必须是在国家公共利益、本人或他人的合法权利受到不法侵害时。
- 必须是在不法侵害正在进行的时候。所谓"不法侵害"，是指对某种权利或利益的侵害为法律所明文禁止，既包括犯罪行为，也包括违法的侵害行为。正当防卫的目的是为了制止不法侵害，避免危害结果发生。因此，不法侵害必须是正在进行的，而不是尚未开始的，或者已实施完毕的，或者实施者确已自动停止的。
- 必须是对不法侵害者本人实施防卫，而不能对无关的第三者实施。正当防卫行为不能对没有实施不法侵害行为的第三者（包括不法侵害者的家属）造成损害。
- 正当防卫不能超过必要限度，造成不应有的损害。正当防卫应以足以制止不法侵害为限。超过了正当防卫所需要的必要限度，并造成了不应有的危害行为，属防卫过当，应负法律责任。

中职生应当掌握好正当防卫这个武器，在遇到抢劫、盗窃、强奸、行凶、杀人、放火等违法犯罪行为时，要善于运用正当防卫行为来维护自己的合法权利。但正当防卫绝不是“你打我一下，我就还你两下”的行为，更不是伺机报复的行为。一般来讲，打架斗殴的双方都不属于正当防卫。

你知道吗

警惕非正当防卫

有些人在煽动别人参加打架斗殴时，往往能绘声绘色地说出许多原因，甚至用正当防卫来鼓动中职生参加。所以，中职生千万要头脑冷静，别掉进陷阱，以下行为绝不是正当防卫：

◆ 防卫挑拨：是指行为人故意挑逗对方，使对方对自己进行不法侵害，接着借口加害于对方。

◆ 局外防卫：是指防卫者对正在进行的不法侵害以外的人实施的侵害行为，即防卫侵害了第三人。

◆ 假想防卫：是指不法侵害行为根本不存在，由于行为人猜想、估计、推断不法侵害行为存在，而对其实施侵袭的一种不法侵害行为。

◆ 事前防卫：也叫提前防卫，是指行为人在不法侵害尚未发生或者说还未到来的时候，而对准备进行不法侵害的人采取了所谓的防卫行为。

◆ 事后防卫：是指在不法侵害终止后，而对不法侵害者进行的所谓防卫行为。

如果中职生能把上述所谓“正当防卫”看懂了，就会发现那些煽动你们参加打架斗殴的人说出的原因或解释，可能具体情况各异，但实质上大多属于以上五种，是违法的。中职生要明辨是非，运用知识艺术地劝解自己与其他同学。如果他们不听劝，你们要好好想想：这个朋友是真朋友吗？值得你们继续交往吗？

知识点 4 消防安全防范

2007 年 2 月 26 日，西安交通大学 43 舍 822 室一学生违章使用“热得快”，因未拔电源而离开宿舍，导致“热得快”短路引发火灾。

2008 年 11 月 6 日，西安联合大学学生宿舍失火，原因是使用电炉做饭，明火点燃地上报纸造成火灾。

2009 年 2 月 11 日，中央民族大学 8 号楼学生宿舍发生火灾，经调查为宿舍内私拉电线所致。

2009 年 6 月 28 日，北京某中职院校学生公寓 5 号楼发生火灾，原因是长时间使用白炽灯将周围可燃物引燃。

一、消防安全教育的意义与原则

近年来，世界各国学校火灾频发，特别是印度南部小学事件、俄罗斯人民友谊大学火灾无不给世人敲响了警钟——学校消防安全工作亟待重视，那么，我国学校消防安全工作又是处于何种情形呢？

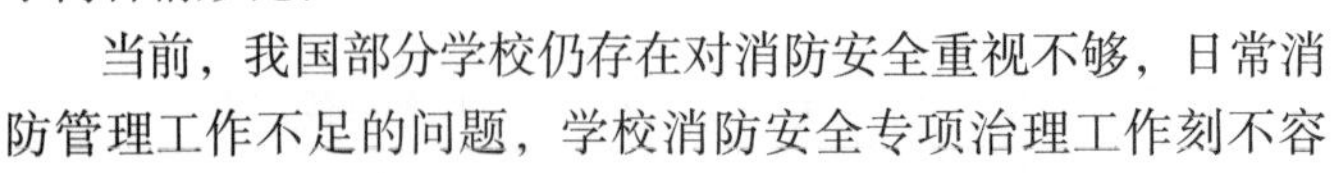

当前，我国部分学校仍存在对消防安全重视不够，日常消防管理工作不足的问题，学校消防安全专项治理工作刻不容缓。2000 年以来，全国学校（含幼儿园）共发生火灾 3 700 余起，全国学校平均每天发生火灾 2.3 起，共造成 44 人死亡，79 人受伤，直接经济损失 2 200 余万元。

火灾是无形的，我们应对的措施是加强防患，以预防来杜绝隐患。尽量做到防患于未然。从上面的例子可以看出，少数学生没有防火安全的意识，严重忽视学校的防火安全制度，法律意识淡薄，造成火灾事故，危害了公共安全。大火无情，法亦无情，作为中职生更应该具有牢固的安全知识，遵章守则。江泽民总书记讲过：“隐患险于明火，防范胜于救灾，责任重于泰山。”责任，是一个国家一个民族生存发展的“根”。同样，一个没有责任感的人是不可能有所作为的。青年，尤其是中职生，即将要步入祖国的现代化建设中，是国家的未来和希望。保护国家、群众和公共财产的安全，保护他人和自身的安全，已成为当代在校中职生的神圣权利和义务。了解、学习和掌握防火知识，协助学校做好防火工作，减少和杜绝火灾的发生，保障安全，是实现上述权利和义务的重要方面。因而，学校开展消防安全教育应遵循以下原则。

（1）严格规范用火、用电、用气等消防安全管理。纠正学生在宿舍内使用电炉、液化气罐等违章行为。学校图书馆、学生宿舍、公寓应设置火灾事故应急照明和应急广播系统，损坏的要立即修复，确保有效使用。

（2）保持安全出口与安全疏散通道的畅通。清理学校人员集中场所内封堵和占用疏散通道上的杂物，拆除疏散通道和安全出口设置的障碍物，保持畅通。拆除在学生宿舍外窗安装影响安全疏散和应急救援的栅栏。

（3）学校要利用假期对学生宿舍电线、电话线、网络线进行改造。根据宿舍学生人数每人配备适当的固定插座，方便学生使用。有条件的学校，可以在宿舍中指定规定的区域，配备大理石等阻燃桌面，集中使用电器，减少或防止因使用伪劣电器等物品引发的火灾。

（4）组织开展消防安全检查治理工作，及时消除火灾隐患。当地教育行政部门要组织本地区的各级各类学校及幼儿园、托儿所等单位，以学生宿舍（包括校外学生公寓）、学校校园内教职工宿舍、食堂、实验室、教室、图书馆、会议室等人群集中场所为重点开展消防安全检查，督促整改火灾隐患。消除火灾隐患的措施有：一是电器产品的安装、使用和线路的敷设必须符合国家有关电气安全技术规定的要求；二是拆除私拉乱接的电气线路。

（5）加强硬件设施配备。安全有效的消防设施是师生人身安全和学校财产安全的重要保障，因此各地学校每年都需要投入一定的资金对消防器材进行维修和更新，比如，添置灭火器、维修灭火器等。另外，学生宿舍应安装应急灯和安全通道指示牌。

二、如何预防火灾发生

1. 完善学生活动场所消防安全设施

增加消防安全设施，确保消火栓完整好用，应急疏散设备齐全，消防器材质优、量足，做好灭火准备工作，以便减少或杜绝宿舍发生火灾。

2. 做好用电设施的设计改造

导线负荷量要控制在设计负荷量以内；宿舍的灯具、插座等必须由专业电工安装；安装用电控制柜，限制寝室、教室用电量，超过容量保险丝自动断电；建立学生活动场所用电维修、检查制度，发现隐患及时处理。

3. 开展安全检查，杜绝违章用火用电

经常开展安全检查，要求学生在集体宿舍、教室等场所内不要私自乱拉、乱接电源。各种照明加热设备不要靠近枕头、蚊帐、被褥、衣物等易燃物。

不乱扔烟头或躺在床上吸烟；不要在蚊帐内点蜡烛看书，在宿舍内点蜡烛和蚊香时要有人看护。不乱焚烧纸张杂物，更不能往楼下扔燃烧着的纸张和杂物。不擅自使用煤油炉、酒精炉、液化气热水器及灶具等器具。不存放易燃、易爆物品。离开宿舍教室等场所应及时切断电源。

4. 做好家庭防火

寒暑假回到家中，要协助家人做好防火工作，比如，家中长期无人时，应切断电源，关闭燃气阀门；不要卧床吸烟或乱扔烟头。

另外，家庭要备好火灾逃生“四件宝”：家用灭火器、应急逃生绳、水和毛巾（毛巾打湿可做简易防烟面具）、手电筒，并将它们放在随手可取的位置，危急时便能派上用场。

5. 注意树林草坪防火

严禁做容易引起火灾的游戏，秋、冬季节及干旱天气尤其要注意防火。严禁在树林、草坪中吸烟。

你知道吗

几种着火方式的扑救

- 电路着火：首先关闭电源开关，然后用干粉或气体灭火器、湿毛毯等将火扑灭，切不可直接用水扑救；电视机着火应从侧面扑救，以防显像管爆裂伤人。
- 油锅火灾：可直接盖上锅盖，使火焰窒息熄灭，切勿用水浇。
- 煤气、液化气灶着火：首先关闭进气阀门，然后用湿布、湿围裙或湿毛毯压住火苗，并迅速移开气瓶、油瓶等易燃、易爆物品。
- 衣服、织物及小家具着火：迅速拿到室外或卫生间等处用水浇灭，切记不要在家中乱扑、乱打，以免引燃其他可燃物。
- 固定家具着火：先用水扑救，如火势得不到控制，则利用消火栓放水扑救，同时迅速移开家具旁的可燃物。
- 汽油、煤油、酒精等易燃物着火：切勿用水浇，只能用灭火器、细沙、湿毛毯等扑救。
- 身上衣物着火：可就地打滚压灭身上火苗，千万不要奔跑。
- 电线冒火花：不可盲目接近，以防发生触电事故，应先关闭电源总开关或通知供电部门，断电后再进行扑救。
- 密闭房间内着火：扑救房间内火灾时不要急于开启门窗，以防新鲜空气进入后加大火势。

三、应对初期火灾

记住，一旦发生火灾，首先拨打 119 报警，同时积极利用身边器皿灭火。若起火较大，应立即逃离现场，再报警。

1. 及时扑救

- 若为电器或煤气起火，先切断电源、气源，再用湿棉被或湿衣物将火压灭，并打开门窗通气。
- 如果乘车时汽车发动机起火，应及时告诉司机迅速停车，切断电源，并立即开启所有车门，迅速撤离，用随车灭火器对准着火部位灭火；若火焰封住车门，可用衣服蒙住头部从车门冲下，或者砸碎车窗玻璃，从车窗逃离。
- 如果发现森林火灾应及时报警，准确报告起火方位、火场面积以及燃烧的植物种类。

2. 隔离火源

- 发现起火，要保持头脑清醒，冷静判断，逆火源方向迅速离开现场。千万不要惊慌失措、盲目乱跑。
- 应迅速关闭面向火源的房门，将火焰、浓烟控制在一定的空间内。
- 因火势向上蔓延，因此应用湿被等做掩护物快速向楼下有序撤离。

3. 注意防烟

- 火势蔓延时，应用湿毛巾或衣物等掩住口鼻，放低身体，低于烟雾，浅呼吸，快速、有序地向安全出口撤离。
- 携带婴儿逃离时，可用湿布轻轻蒙在婴儿脸上。
- 避免大声呼喊，防止有毒烟雾进入、灼伤呼吸道。

四、火灾脱险方法

1. 熟悉环境，临危不乱

每个人对自己工作、学习或居住所在的建筑物的结构及逃生路径平日就要做到了然于胸；当身处陌生环境，如入住酒店、商场购物、进入娱乐场所时，为了自身安全，务必留心疏散通道、安全出口以及楼梯方位等，以便在关键时刻能尽快逃离火场。

2. 保持镇静，明辨方向，迅速撤离

突遇火灾时，首先要强令自己保持镇静，千万不要盲目地跟从人流、相互拥挤、乱冲乱撞。撤离时要注意朝明亮处或外面空旷地方跑，要尽量往楼层下面跑，若通道已被烟火封阻，则应背向烟火方向离开，通过阳台、窗台出口等通往室外。

3. 不入险地，不贪财物

在火场中，人的生命最重要，不要因害羞或顾及贵重物品，把宝贵的逃生时间浪费在穿衣服或寻找、搬运贵重物品上。已逃离火场的人，千万不要重返险地。

4. 简易防护，掩鼻匍匐

火场逃生时，经过充满烟雾的路线，可采用毛巾、口罩蒙住口鼻，匍匐撤离，以防止烟雾中毒，预防窒息。另外，也可以向头部、身上浇冷水或用湿毛巾、湿棉被、湿毯子等将头、身裹好后，再冲出去。

5. 善用通道，莫入电梯

规范、标准的建筑物，都会有两条以上的逃生楼梯、通道或安全出口。发生火灾时，要根据情况选择进入相对较为安全的楼梯、通道。除可利用楼梯外，还可利用建筑物的阳台、窗台、屋顶等攀到周围的安全地带；沿着下水管、避雷线等建筑上的凸出物，也可滑下楼脱险。千万要记住，高层楼着火时，不要乘电梯。

6. 避难场所，固守待援

假如用手摸房门时已感到烫手，一旦开门，火焰与浓烟势必迎面扑来。此时，首先应关紧迎火一面的门窗，打开背火一面的门窗，用湿毛巾、湿布等塞住门缝，或用水浸湿棉被，蒙上门窗，然后不停地用水淋透棉被，防止烟火渗入，固守房间，等待救援人员到达。

7. 传送信号，寻求援助

被烟火围困时，尽量待在阳台、窗口等易于被人发现和能避免烟火近身的地方。在白天可向窗外晃动鲜艳的衣物等；在晚上，可用手电筒不停地在窗口闪动或敲击东西，及时发出有效求救信号。在被烟气窒息失去自救能力时，应努力滚到墙边或门边，既便于消防人员寻找、营救，也可防止房屋塌落时砸伤自己。

8. 火已及身，切勿惊跑

火场中如果发现身上着了火，惊跑和用手拍打只会形成风势，加速氧气补充，促旺火势。正确的做法是赶紧设法脱掉衣服或就地打滚，压灭火苗，能及时跳进水中或让人向身上浇水就更有效。

9. 缓降逃生，滑绳自救

高层、多层建筑发生火灾后，可迅速利用身边的绳索或床单、窗帘、衣服等自制简易救生绳，用水打湿后，从窗台或阳台沿绳滑到下面的楼层或地面逃生。即使跳楼也要跳在消防队员准备好的救生气垫或 4 层以下才可以考虑采取跳楼的方式，还要注意选择有水池、软雨篷、草地等地方跳。如有可能，要尽量抱些棉被、沙发垫等松软物品或打开大雨伞跳下。跳楼虽可求生，但会对身体造成一定的伤害，所以要慎之又慎。

你知道吗

火灾紧急疏散逃生自救十要素

熟悉环境，记清方位，明确路线，迅速撤离；
通道不堵，出口不封，门不上锁，确保畅通；
听从指挥，不拥不挤，相互照应，有序撤离；

发生意外，呼唤他人，不拖时间，不贪财物；
自我防护，低姿匍匐，湿巾捂鼻，防止毒气；
直奔通道，顺序疏散，不入电梯，以防被关；
保持镇静，就地取材，自制绳索，安全逃生；
烟火封道，关紧门窗，湿布塞封，防烟侵入；
火已烧身，切勿惊跑，就地打滚，压灭火苗；
无法自逃，向外求救，让人救援，脱离困境。

五、发生火灾时注意事项

1. 不大声喊叫

乱跑乱窜，大喊大叫，不但会消耗大量体力，吸入更多的烟气，还会妨碍正常疏散，甚至引发混乱。当前呼后拥的混乱状态出现时，绝不能贸然加入，这是逃生过程中的大忌，也是防止扩大伤亡的缘由。

2. 慎开门窗

如果火源在自己房间内，要慎开门窗。因为房间门窗紧闭时，空气不流畅，室内供氧不足，因此，火势发展缓慢，一旦门窗被打开，新鲜空气大量涌入，火势迅速发展。由于空气的对流作用，火焰就会向外窜出，所以在发生火灾时，不能随便开启门窗。

如果火源不在自己的房间，开门也要特别慎重，防止“引火上身”。开门不仅会让屋外火焰蹿入室内，而且也会使大量烟气涌入，使人中毒、窒息而死亡。开门前，要以手背试触房门温度，门板烫手表示门外火势很大，不可开门。门板不热，也要以背向门板方向缓缓开门（因恐门板过厚，传热不易），以眼睛斜看门缝外是否有大火浓烟。若有浓烟，要立刻以臀部顶门，把门关上，千万可别开门。如果没有浓烟，打开房门后，要先探视走廊左右有无迎面冲逃的人，以防互撞受伤。

3. 不跳楼

如果被火困于二楼，可以先向楼外扔一些被褥做垫子，然后攀窗口或阳台往下跳。这样可以缩短距离，更好地保证人身安全。如果被困于三楼以上，可转移到其他比较安全的房间、窗边或阳台上，绝不可以用跳楼的方式逃生。要用醒目物品不停地发出呼救信号，晚上可用手电筒晃动，以便消防队员及时发现，组织营救。若情况危急，可以用绳索或将床单、被褥面、窗帘拧成绳索，绑在牢固的窗框或床架上，然后沿绳缓缓滑下。

4. 弯腰或爬行

火势不大时，要当机立断，披上浸湿的衣服或裹上湿毛毯、湿被褥勇敢地冲出去。逃生之前，要探明着火方位，确定风向，在火势蔓延之前，朝逆风方向快速离开火灾区域。

必须通过烟火封锁区段时，应用水将全身淋湿，衣服裹头，湿毛巾或手帕掩住口鼻或在喷雾水枪掩护下穿过。着火时会产生很多浓烟，其中，含有大量的一氧化碳，在这种环境停留时间过长，就会中毒。因空气对流关系，地面往往会有 20 ~ 30 厘米的空气层。烟能随着热空气聚集在房间上部，而室内下部，尤其贴近地面处温度最低，这时人们应该蹲下或趴下，既能保证呼吸，又能看清物品和方向。疏散中穿过烟气弥漫区域时，应以弯腰、蹲姿、爬姿等低姿行进，口贴近地面。要低姿细心搜寻安全疏散指示标志和安全门的闪光标志，按其指引的方向稳妥行进。通过烟雾区不宜采用速度过快的方式，因为剧烈运动会增大肺活量，猛跑通过烟雾区时，不但会增大烟气等毒性气体的吸入量，而且容易发生视线不清所致的碰壁、跌倒等事故。

在楼梯遇有浓烟或视线不佳时，应反过身来，脸朝后退身下楼，尽量弯腰贴近地面，既能降低自身重心，又不易被他人推挤而摔倒。

5. 冷静报警

火灾发生后，最重要的是及时报警。

报火警时应注意：牢记报警电话，沉着冷静，正确简洁地向消防部门讲清楚火灾单位和地点，讲清楚起火物品和火势情况，讲清楚报警人的姓名和电话；报警后，迅速组织人员到附近路口等候并引导消防车前往火灾现场；假报火警是扰乱社会公共秩序的违法行为。如附近没有电话，应大声呼救或是采取其他方式引起周围人群的注意，协助灭火或报警。

你知道吗

认识火源的性质，选用适当的灭火器

◆ 四氯化碳灭火器

成分是液态四氯化碳，它灭火主要是由于四氯化碳比空气重，覆盖在燃烧物表面，以阻止氧气的进入。但是由于四氯化碳在氧气作用下会产生窒息性的剧毒气体——光气；另外，它也不能用于扑灭金属钾、钠的失火，因四氯化碳会强烈分解，甚至爆炸。目前已有灭火效果更好的 1211 灭火器，因此，这种灭火器已使用得较少。它仅适用于扑灭电器设备、小范围的汽油、丙酮等失火。

◆ 泡沫灭火器

药液的主要成分是硫酸铝和碳酸氢钠溶液，当两者混合后发生反应，生成大量的二氧化碳气体，在灭火器内形成巨大的压力，把机内的药剂连同水一起，化为泡沫喷射出去，由于带有二氧化碳的泡沫比油类轻，因此，它像绒毯一样把着火的物体或油类盖住，既降低了温度，又隔绝了空气，起到灭火的作用。

◆ 二氧化碳灭火器

成分是液态二氧化碳，当它从灭火器中喷出时，由液态变为气态，要吸收大量的热量，从而降低着火点温度，同时由于二氧化碳比空气重，覆盖在燃烧物表面，以阻止氧气的进入。一般适用于扑灭电器设备、小范围油类及忌水化学物品的失火。

◆ 1211 灭火器

目前用得较多的是液态氮气灭火器，它的灭火机理与二氧化碳灭火器类似，但它的效果更好，适用于灭火的范围更广，对环境也不会造成污染。特别适用于扑灭油类、有机溶剂、高压电气设备、精密仪器的失火。

◆ 干粉灭火器

主要成分是碳酸氢钠等盐类物质与适量的润滑剂和防潮剂。它灭火时依靠加压气体（CO_2 或 N_2）压力将干粉从喷嘴喷出，形成一股夹着加压气体的雾状粉流，射向燃烧物，当干粉与火焰接触时，便发生一系列的物理与化学作用将火焰扑灭。主要用于扑灭油类、可燃性气体、电器设备、精密仪器、图书文件和遇水易燃物品的初起火灾。

1. 安全教育一般可分为几种类型？

2. 请试述在银行取钱时应如何防盗。

3. 在遭到抢劫时该怎样正确应对？

4. 中职生在遇到社会不良人员寻衅滋事时应注意哪几点？

5. 简述在火灾发生初期应如何应对。

第二章 预防和应对校园突发事件

教学目标

由于校园的环境特殊，人数众多，人员聚集，在发生突发事件后，容易出现场面失控，造成大规模破坏和人员受伤等情况。本章内容重点阐述如何预防和应对在校园内发生的“突发公共事件”，使学生有效预防人为原因引发的灾害，并在灾害事件发生后沉着应对，将危害和损失降低到最小程度。

教学要求

认知：灾害发生时临危不乱，自觉维护校园秩序是学生自我保护的前提。

情感：学习预防和应对校园突发事件的知识是对自己和社会负责任的体现。

运用：在灾害袭来时，恐惧一定不能压倒理智，只有掌握和运用扎实的理论知识，才能赢得更多的时间，挽救更多的生命。

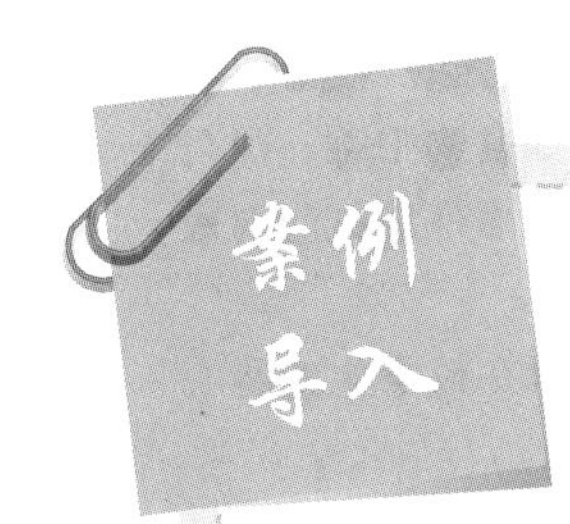

信阳市第九中学分校43名同学就餐后出现恶心、呕吐、腹痛、头晕、乏力等症状，流行病学家调查发现发病学生均食用过芸豆，经检验，在剩余食物中检验皂甙阳性，呕吐物皂甙也为阳性。根据以上情况认定本次食物中毒是因学校食堂加工芸豆时未熟透引起的食物中毒（皂甙毒素中毒）。

知识点1　概述

突发公共事件 **是指突然发生，造成或者可能造成重大人员伤亡、财产损失、生态环境破坏和严重危害社会，危及公共安全的紧急事件**。突发公共事件主要分为自然灾害、事故灾难、公共卫生事件、社会安全事件等4类；按照其性质、严重程度、可控性和影响范围等因素分成4级，特别重大的是Ⅰ级、重大的是Ⅱ级、较大的是Ⅲ级、一般的是Ⅳ级。

具体来看，自然灾害主要包括水旱灾害、气象灾害、地震灾害、地质灾害、海洋灾害、生物灾害和森林草原火灾等；事故灾难主要包括工矿商贸等企业的各类安全事故、交通运输事故、公共设施和设备事故、环境污染和生态破坏事件等；公共卫生事件主要包括传染病疫情、群体性不明原因疾病、食品安全和职业危害、动物疫情以及其他严重影响公众健康和生命安全的事件；社会安全事件主要包括恐怖袭击事件、经济安全事件、涉外突发事件等。

近几十年，世界上各类突发公共事件不断发生，如何科学应对和及时、有效地处置，是当今各国政府必须面对的一个重大课题。我国是世界上遭受自然灾害最严重的国家之一，灾害种类多、频度高、区域性、季节性强，特别是现代化建设进入新的阶段，改革和发展处于关键时期，工业化、城市化加速发展，新情况、新问题层出不穷，重大自然灾害、重大事故灾难、重大公共卫生事件和社会安全事件时有发生。这些都迫切要求我们认真贯彻落实总体预案，建立健全突发公共事件的应急机制、体制和法制，进一步提高预防和处置突发公共事件的能力。

中职校园是人员聚集的场所，如教室、宿舍、食堂、会场、俱乐部、聚会广场等。若组织不力、消防设施不完善、应急措施不得力，很容易发生突发事件，如食物中毒、流行性疾病、火灾、触电、踩踏等。因此，自觉维护校园秩序，做好校园突发事件危机应对极为重要。

有效预防并及时控制突发事件，消除学生在突发事件中的危害，保障在校学生的身心健康和生命安全，维护正常的校园秩序，营造良好的育人环境。

知识点 2 学校公共卫生事故

从专业角度来看，公共卫生安全是关系到一个国家或一个地区广大人民群众健康的公共事业。其具体内容包括对重大疾病尤其是传染病（如结核、艾滋病、SARS 等）的预防、监控与医治，对食品、药品、公共卫生环境的监督管制以及相关的卫生宣传、健康教育、免疫接种等。不能将公共卫生简单地理解为打扫环境卫生。突发性公共卫生事件是指突然发生，造成或者可能造成社会公众健康严重损害的重大传染病疫情、群体性不明原因疾病、重大食物和职业中毒以及其他严重影响公众健康的事件。

关于中职院校突发公共事件，我们可以根据学校突发公共卫生事件所指出的那样：是指发生在学校内的传染病、寄生虫病与地方流行、暴发流行或致死亡的事件；不明原因引起的群体性异常反常，有毒有害因素以及各种方式污染食物、饮用水、空气、物品、场所造成群体中毒，死亡或者危害并有可能扩散的事件。在社会上造成较大影响的事件，通常指学校内的食物中毒，传染病流行，预防性接种或预防性服药的异常反应，学生集体癔症等事件。

一、食物中毒

1. 食物中毒的原因和症状

生活中一日三餐是每个学生必不可少的。中职生如果食用了含有有毒物质或变质的食品或化学品，常出现恶心、呕吐、腹痛、腹泻等症状，共同进餐的人常常出现相同的症状，影响身体健康，甚至会危及生命安全。特别是生活在集体环境中的学生，更应注意防止食物中毒。

食物中毒是指吃入食物中的有毒物质引起身体的不良反应。有单发的也有群体的，轻者影响身体健康，重者甚至会危及生命。**食物中毒包括细菌性食物中毒（如大肠杆菌食物中毒）、化学性食物中毒（如农药中毒）、动植物性食物中毒（如木薯、扁豆中毒）、真菌性食物中毒（如毒蘑菇中毒）。**

食物中毒来势凶猛，时间集中，无传染性，夏、秋季多发。群体食物中毒的表现是，在短时间内，吃这种食物的人单个或同时发病，以恶心、呕吐、腹痛、腹泻为主，往往伴有发烧。吐泻严重的，还可发生脱水、酸中毒，甚至休克、昏迷等症状。

2. 食物中毒预防措施

为防止食物中毒发生，必须从源头上进行预防。

- 中职生要养成个人饮食卫生的良好习惯，如饭前、便后要洗手；餐具要卫生，每人要有自己的专用餐具，饭后将餐具洗干净存放在干净消毒的盒柜内。
- 严格食堂从业人员管理。学校食堂从业人员必须通过身体检查，有执法部门颁发的健康合格证。
- 确保食物原料采购质量。学校食量要从正规渠道购买食用油、盐、主食原料、水产品、肉类食品等，不要购买发芽的土豆与洋葱、有毒蘑菇与鲜黄花菜、变质的水产品与肉类食品、过期的饮料与熟食。
- 中职生在食堂买饭菜不要过量，现吃现买，不要剩着下顿吃。不吃变质食品，遇变酸、变苦、变臭、有异味的食品，要立即吐掉，不再食用，并将剩余食品处理，以防止他人误食。
- 中职生尽量减少在外就餐，不在无证经营、卫生条件差的饮食摊点吃喝，要去卫生条件好、管理严格的饭馆。不买校门口小摊贩的食物，小摊通常设在尘土飞扬的路边，遮挡设施差，保鲜设施差，吃后易染病。
- 严格食品加工程序。在食品加工过程中，严格执行所有食品烧熟煮透、生熟分开等卫生要求，以免熟食与待加工的生食交叉污染。加工凉菜要达到“五专”：专人负责、专用调配室、专用工具、专用消毒设备设施、专用冷藏设备。制作凉菜的三个关键环节：保证切拼前的食品不被污染、切拼过程中严防污染、凉菜加工完毕后须立即食用。
- 不用饮料瓶盛装化学品；存放化学品的瓶子应有明显标志，并放在隐蔽处。
- 不吃有毒食品。不吃有毒的蘑菇、发芽变绿的马铃薯（内含龙葵素）和木薯、有毒鱼类（如河豚）。鲜黄花菜（内含秋水仙碱）、四季豆和生豆浆（含有皂素以及溶血酶）一定要煮熟再吃。上述食物经过剔除处理和充分加热是可以消除中毒危险的。
- 保证洗刷和消毒效果。洗刷时一定要注意除去食品残渣、油污和其他污染物，洗刷干净后放入消毒柜内消毒或采用蒸汽消毒和紫外线消毒。及时处理垃圾，消除老鼠、苍蝇、蟑螂和其他有害昆虫，保证居室卫生。

3. 食品安全教育知识

（1）亚硝基化合物。**它具有强烈的致癌性，可使多种动物、多种器官组织产生肿瘤；少量、多次、长期摄入或一次、多剂量均可致癌。**至今尚未发现有一种动物对亚硝基化合物的致癌性有抵抗能力。亚硝基化合物还有制畸作用和胚胎毒性，并有剂量效应关系。

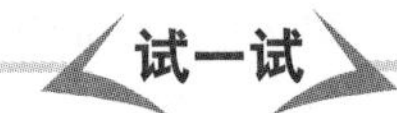

发生食物中毒事件后，你要做的第一件事是什么？

人类饮食中的亚硝基化合物主要来源于蔬菜、肉制品和发酵制品。一般来说，新鲜蔬菜很少含有亚硝基化合物，但在运输和贮存过程中或腌制蔬菜、咸菜和酸菜时，就会有大量的亚硝基化合物产生。含有较多亚硝基化合物的蔬菜有菠菜、甜菜、茴香、萝卜、雪里蕻、小白菜、红辣椒等。酸菜是一种具有代表性的亚硝基高含量的蔬菜制品。

发酵食品中，如豆瓣酱、酱油、啤酒中也含有亚硝基化合物。海产品，如咸鱼、虾皮的亚硝基化合物含量为食品中最高，咸肉、腊肉、香肠、火腿次之。加工熟制品的亚硝基化合物含量高于发酵制品。此外，霉变食品中也含有亚硝基化合物。

为防止亚硝基化合物对人体的危害，应从食品生产加工、贮存和抑制体内合成等方面采取措施。其具体措施有：

- 防止食物霉变以及其他微生物污染，这是降低食物中亚硝基化合物最主要的方法。
- 首先某些细菌可以还原硝酸盐为亚硝酸盐，其次某些微生物尚可分解蛋白质转化为胺类物质，并且还有酶促亚硝基化作用。所以，在食品加工时，应保证食品新鲜，防止微生物污染。
- 应用亚硝基化抑制剂。亚硝基化作用过程可被许多化合物与环境条件所抑制，如维生素、鞣酸和酚类化合物等，可以抑制减少亚硝基化合物的形成；蔗糖在一定条件下也有阻断亚硝基化合物形成的作用。
- 控制食品加工中硝酸盐、亚硝酸盐的添加量，在加工工艺可行的条件下，尽量使用亚硝酸盐、硝酸盐代用品。
- 农业用肥与用水也与蔬菜中亚硝酸盐和硝酸盐含量有关；干旱缺水地区，蔬菜中硝酸盐含量高。
- 某些食物成分可防止亚硝基化合物的生产，如猕猴桃、沙棘汁、大蒜等。

（2）苯并芘。它是一类多环香烃类化合物，具有极强致癌性。它易溶于甲醇和乙醇，在碱性条件下加热稳定，在酸性条件下不稳定，可被活性炭吸附。

苯并芘可以通过皮肤、呼吸道及被污染的食品等途径进入人体，在肠道内被很快吸收，进入血液循环后很快分布于全身。苯并芘主要导致胃癌的发生。

预防苯并芘危害的措施有：

- 防止污染，加强环境治理。
- 改进食品加工烹调方法。熏制、烘干粮食应改进燃烧过程，改良食品烟熏剂，不使用煤炭烘烤，使用熏烟洗净器或冷熏液。

- 晾晒不许放在柏油路上，防止沥青污染；机械化生产加工食品时，防止润滑油污染粮食。
- 对于已污染的食品，如果是油脂，可采用活性炭予以除去。粮谷类用碾磨加工除去。

（3）杂环胺。**它是当烹调加工蛋白质食物时，由蛋白质、肽、氨基酸的热解物中分离的一类具有致突变、致癌的杂环芳烃类化合物。**

杂环胺的生成主要是含蛋白质较多的食物，如鱼、肉类在烘烤、煎炸时产生的，烹调方式、时间、温度及食物的组成对多杂环胺的生成有很大影响。食物与明火接触和与灼热的金属表面接触，有助于杂环胺的生成，加工温度高产生的杂环胺含量高。

预防杂环胺化合物危害的措施有：

- 改进烹调加工方法。杂环胺化合物的生成与不良烹调加工有关，特别是用过高温度烹调食物，因此，应注意烹调温度以免烧焦食物。
- 增加蔬菜水果的摄入量。膳食纤维有吸附杂环胺化合物并降低其生物活性的作用。水果中的某些成分有抑制杂环胺化合物的致突变作用。因此，增加蔬菜水果的摄入量对于防止杂环胺的危害有积极作用。

4. 如何应对食物中毒

食物中毒大致有化学性食物中毒、生物性食物中毒、动植物毒素中毒等三类情况，出现食物中毒后，应针对中毒类型，采取应对措施。

（1）确保第一时间救治。出现食物中毒症状，如多人发生呕吐、腹泻、发热，要及时向学校老师、主管部门和所在地的卫生防疫部门反映情况，并及时联系医院，确保第一时间内救治。抢救食物中毒病人，时间是最宝贵的。从时间上判断，化学性食物中毒和动植物毒素中毒，自进食到发病是以分钟计算的；生物性（细菌、真菌）食物中毒，自进食到发病是以小时计算的。

（2）留取样本有利救治。如果是集体中毒，救护工作要有条理；应尽可能留取食物样本或者保留呕吐物和排泄物，以便化验使用。对人为投毒的事件，应及时报案，同时保留食品炊具等关键证物，交由警察进行立案调查。

（3）有的放矢及时抢救。

- 催吐。症状轻者让其卧床休息，如果仅有胃部不适，多饮温开水或稀释的盐水，然后及时用筷子或手指伸向喉咙深处刺激咽喉壁、舌根进行催吐，同时报告老师，及时送医院。如果发觉中毒者有休克症状（如手足发凉、面色发青、血压下降等），就应立即使其平卧，双下肢尽量抬高，需由他人帮助催吐，并立即送往医院抢救，不要自行乱服药物。

- 导泻。如果病人吃下去中毒的食物时间超过两小时，且精神尚好，则可服用些泻药，促使中毒食物尽快排出体外。
- 解毒。如果是吃了变质的鱼、虾、蟹等引起的食物中毒，可取食醋 100 毫升，加水 200 毫升，稀释后一次服下。若是误食了变质的饮料或防腐剂，最好的急救方法是用鲜牛奶或其他含蛋白质的饮料灌服。

二、流行性疾病

1. 流行性疾病概述

流行性疾病即传染病，可在一定时期内影响众多人的健康，有的传染病暴发性强、病死率高，在集体生活中容易突然大面积流行，对人的生存有很大威胁。

人会生病，但许多病不传染，例如，白内障、糖尿病、冠心病、骨质疏松等。能相互传染的病也不少，常见的感冒、“脚气”，常听说的甲肝、血吸虫病、流脑，死亡率高的霍乱、鼠疫、狂犬病，新近发现的疯牛病、SARS、禽流感等。

你知道吗

传染病的五大特征

❶ 有病原体：每一种传染病都有它特异的病原体，包括微生物（如细菌、病毒、真菌、衣原体、支原体、立克次体、螺旋体等）和寄生虫（如原虫、蠕虫等）。

❷ 有传染性：传染病的病原体可以从宿主细胞排出，经过一定的途径传染给另一个人。

❸ 有感染后免疫：大多数患者在疾病痊愈后，对同一种传染病病原体产生不感受性，有的传染病患病一次后可终身免疫，有的还可感染。

❹ 有流行病学特征：传染病能在人群中流行，按传染病流行过程的强度和广度分为散发、流行、大流行、暴发。

❺ 可以预防：通过控制传染源、切断传染途径、增强人的抵抗力等措施，可以有效地预防传染病的发生和扩散。

2. 常见流行性传染病及处理

（1）非典型肺炎。非典型肺炎是一种传染性极强的呼吸道疾病，其病原体是变异冠状病毒。世界卫生组织将其称为“严重急性呼吸系统综合征”（简称 SARS）。

患者起病急，以发热为首发症状，体温一般高于 38℃，偶有畏寒；可伴有头痛、关节酸痛、肌肉酸痛、乏力、轻微腹泻；伴有咳嗽（多为干咳、少痰）、胸闷等症状，严重者出现呼吸加速、气促或明显呼吸窘迫等症状。

非典的传播途径主要有： 通过近距离飞沫传播；接触沾染患者呼吸道分泌物的物品、用具等，经口、鼻传播；直接接触患者造成传播。

预防非典的措施主要有： 一是保持良好的个人卫生习惯，勤洗手，不要共用毛巾、牙刷等用品；二是室内经常通风换气，保持生活和工作环境的空气流通；三是搞好环境卫生，勤晒衣服和被褥等；四是经常到户外活动，呼吸新鲜空气，增强体质；五是与呼吸道传染病患者接触时，应该戴口罩。

（2）艾滋病。 被称为“当代瘟疫”和“超级癌症”的艾滋病已引起世界卫生组织（WHO）及各国政府的高度重视，我国已将其列入乙类法定传染病，并为国境卫生监测传染病之一。

艾滋病病毒的传染途径有四种： 静脉吸毒者共用被感染的注射器；与感染者的性接触；接受被感染者的血或血制品；妊娠妇产期母婴之间的垂直传播。导致艾滋病在我国快速发展的元凶就是吸毒，特别是当前越来越多的人采用静脉注射方式滥用药品，导致艾滋病病毒感染者比例迅速上升。可以说艾滋病与吸毒简直就是一对罪恶的孪生子。

吸毒者通常走向静脉注射毒品方式吸毒的道路。由于卫生观念差和吸毒者的成群性，一个注射器常常反复使用或多人共用。另一个原因是不少女性吸毒者为了购买毒品而“以淫养吸”。作为中职生，必须洁身自好，远离毒品。

（3）菌痢。细菌性痢疾简称菌痢，是由痢疾杆菌引起的以腹泻为主要症状的肠道传染病。主要临床表现为发热、腹痛、腹泻、里急后重、脓血样大便，伴有发热，以结肠化脓性炎症为主要表现。 中毒型急性发作时，可出现高热并出现感染性休克症状，有时出现脑水肿和呼吸衰竭。该病呈常年散发，夏、秋多见，是我国的多发病之一。病后伴有短暂和不稳定的免疫力下降，人类对本病普遍易感，不但容易暴发流行，而且患者会重复感染或再感染，反复多次发病。菌痢能引发痢疾杆菌败血症、溶血尿毒综合症等并发症。

菌痢的传染源包括患者和带菌者。患者中以急性、非急性典型菌痢与慢性隐匿型菌痢为重要传染源。菌痢的传播途径是痢疾杆菌随患者或带菌者的粪便排出，通过污染的手、食品、水源或生活接触，或苍蝇、蟑螂等间接方式传播，最终均经口进入消化道使易感者发病。

如果治疗不彻底，患者病程两个月以上不痊愈者有可能转为慢性。慢性菌痢的主要表现为腹泻、大便次数多、明显的黏液便和少量脓血，但全身中毒症状不明显，时有腹痛、腹胀等症状。痢疾的病后带菌者较多，恢复期带菌率约 20%，慢性病人的排菌时间可达 9 年之久。

预防菌痢传播，主要是养成良好的个人卫生习惯，饭前便后要洗手，不吃不洁食物，加强环境卫生，消灭苍蝇，保护食品、水源免受污染。

（4）霍乱。 霍乱是一种典型的“粪——口”传播性传染病。霍乱患者的粪便中含有霍乱弧菌，粪便可污染水源和食物。人喝了被污染的水或吃了被污染的食物，1～2 天（最快的几个小时）后便会发病。霍乱患者表现为腹泻和呕吐，继而出现脱水及电解质紊乱，严重者会危及生命。

霍乱发病多以急剧腹泻开始，多数腹泻不伴有腹痛，这与一般的胃肠炎有很大的不同。另外，霍乱患者不发热，这与患痢疾也很不相同。霍乱患者的排便次数通常不是很多，但排泄量大。开始时大便为稀便，继而呈淘米水样或无色透明水样，无明显的粪臭味。呕吐一般在严重腹泻后出现，常无明显的恶心感。

频繁的腹泻、呕吐之后，患者可有不同程度的脱水表现。起初患者只感到口渴，眼窝稍凹陷，口唇稍干，继而可有声音嘶哑、口唇干燥、皮肤皱缩、指纹皱瘪（故霍乱又称“瘪螺痧”）、尿量减少、体温下降、脉搏变弱变快、血压下降等症状，如不及时抢救，往往危及生命。

把住“病从口入”这一关，霍乱是完全可以预防的。即注意饮食卫生，不喝生水，食物要煮熟或洗净，不吃生或半生的水产品；养成良好的个人卫生习惯，饭前便后要洗手。此外，出现疑似霍乱的症状时，要及早就医。

（5）流行性感冒。流行性感冒简称流感，发病快、传染性强、发病率高。常采取以下应对措施：

- 有流感症状时，要注意休息，多喝水，开窗通风。
- 流感病人应与其他人分餐。
- 流感病人的擤鼻涕纸和吐痰纸要包好，扔进加盖的垃圾桶中或直接扔进抽水马桶用水冲走。
- 流感病人应与其他人分室而居。
- 发生流感时应尽量避免外出活动，不要去商场、影剧院等公共场所，若出门应戴口罩。
- 重病人应在医院隔离治疗。

（6）病毒性肝炎。**病毒性肝炎分为甲、乙、丙、丁、戊 5 种类型。甲型、戊型肝炎一般通过饮食传播，乙型、丙型、丁型肝炎主要通过血液、母婴和性传播**。常采取以下应对措施：

- 肝炎病人自发病之日起必须进行 3 周隔离。
- 从事食品加工和销售、水源管理、托幼保教工作的病人，应暂时调离工作岗位。
- 肝炎病人用过的餐具要在开水中煮 15 分钟以上进行消毒。
- 不要与肝炎病人共用生活用品，肝炎病人用过的或接触过的生活用品要及时消毒。
- 如与肝炎病人共用同一卫生间，要用消毒液或漂白粉对便池消毒。
- 不要与乙型、丙型、丁型肝炎病人及病毒携带者共用剃刀、牙具等。
- 不要与乙型病人发生性关系，如发生要使用避孕套或提前接种乙肝疫苗。

（7）狂犬病。狂犬病是一种急性传染病，一旦发病无法救治，病死率达 100%。人被携带有狂犬病毒的狗、猫咬伤或抓伤后，会引起狂犬病。

一般被动物咬伤、抓伤后，应立刻到狂犬病免疫预防门诊接种狂犬病疫苗，**第 1 次**

注射狂犬病疫苗的最佳时间是被咬伤后的 24 小时内。之后，**第 3 天、第 7 天、第 14 天和第 28 天再各注射一次**。

被动物咬伤、抓伤后，常采用以下应对措施：

- 首先要挤出污血，用 3%～5% 的肥皂水反复冲洗伤口；然后用清水冲洗干净，冲洗伤口至少要 20 分钟；最后擦碘酒和酒精。只要未伤及大血管，切记不要包扎伤口。
- 如果一处或多处皮肤形成穿透性咬伤，伤口被动物的唾液污染，必须立刻注射狂犬病疫苗和抗狂犬病血清。
- 将攻击人的动物应暂时单独隔离，立即带到附近的动物医院诊断，并向动物防疫部门报告。

（8）流行性出血性结膜炎。流行性出血性结膜炎俗称红眼病，是由病毒引起的急性传染性眼炎。患上红眼病应及时就诊，并告知他人注意预防。应采用以下应对措施：

- 不与红眼病人共用毛巾和脸盆。
- 红眼病人应尽量不去人群聚集的商场、游泳池、公共浴池、工作单位等公共场所。
- 可以使用抗病毒的滴眼液滴眼进行辅助治疗。
- 红眼病人接触过的公共物品，要用含氯消毒剂进行消毒。
- 当学校等人群聚集的场所发现红眼病患者时，应报告卫生防疫部门。

（9）破伤风。破伤风是破伤风杆菌自伤口侵入人体后所引起的疾病。中职生活泼好动，无论在职业实训中还是在日常生活中，都容易受外伤，是破伤风的易感人群。破伤风杆菌主要存在于泥土、人和动物的粪便里，是一种厌氧菌，只有在缺氧的环境中才能繁殖。伤口很浅、血流丰富的地方不易感染，因为破伤风杆菌在有氧的地方不易繁殖。若外口较小、伤口较深，污染较严重，伤口内有坏死组织或血块充塞、局部缺血，发生破伤风的可能性就会大大增加。

破伤风杆菌可由破损的皮肤、黏膜、新生儿脐带侵入，并在伤口处繁殖，产生毒素，作用于神经系统，引起全身特异性感染。一般在伤后 6～10 天发病，也有伤后 24 小时或数周后发病的。发病时间越短，症状越严重，病人的危险性也就越大。起初先有乏力、头晕、头痛、烦躁不安、打呵欠等前驱症状；接着可出现强烈的肌肉收缩，首先从面部肌肉开始，张口困难、牙关紧闭；表情肌痉挛，病人出现“苦笑”的面容；背部肌肉痉挛，头后仰出现所谓的“角弓反张”；若发生喉痉挛，可造成呼吸停止，病人窒息死亡，病死率为 20%～40%。

破伤风一旦发作，想治好比较困难，但其预防效果极佳。在小时候注射三联疫苗预防针（俗称白百破，即白喉、百日咳、破伤风），是预防破伤风最有效的方法。**中职生若出现较深伤口或伤口被泥土、铁锈等污染物污染，应立即到医院注射破伤风抗毒素血清**。这

是创伤发生之后、尚未出现破伤风症状时预防破伤风的有效手段。

（10）**癣**。"脚气"，"脚气"是一种癣，是由致病真菌引起的皮肤传染病。医学上称足癣，民间又称"烂脚丫""香港脚""运动员脚"。我国属于脚气高发地区，全国平均发病率达33%，在一些高发地区发病率高达60%。

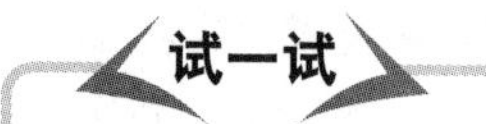

除了书上所提到的传染病，你还知道哪些传染病呢？

脚癣会扩散到趾甲上，成为趾癣。当身体的主要部分被真菌感染，就被称为体癣，其症状为手臂、大小腿和胸部出现小红疹。腹股沟由于潮湿温暖，也容易成为真菌寄居的部位，被称为股癣，股癣在男性中患病率较高。寄生在头皮上的真菌被称为头癣，俗称"瘌痢"，它可以引起头发脱落，造成部分秃顶。

癣症多半容易出现在人体多汗潮湿的部位，被感染的皮肤会软化发白，出现裂痕或红疹，有的会出现小水泡，同时伴有搔痒、灼痛或叮刺的感觉，或者发出难闻的气味。癣是寄生在皮肤、毛发或趾甲里的一种真菌引起的，真菌的感染率非常高，普遍的传染途径是接触传染。真菌喜欢在潮湿的表面寄居，因此，如果直接接触公共浴池或衣帽间的地板则有可能直接感染真菌。饲养的宠物和家畜也可能成为真菌传染的病源，这些患病动物会出现脱毛的症状。浴室、更衣室、游泳池周边或者温泉周边等场所，真菌也能顽强存活。

人们的工作环境、生活习惯也会引起癣症感染。例如，经常穿尼龙或化纤制的袜子、裤子，与宠物过于亲近，长时间穿塑料或橡胶鞋（由于职业需要穿胶鞋，电工的脚癣患病率高达80%）。夏季炎热，气温较高，局部多汗，真菌活跃，并发细菌感染机会多，继发疹的可能性也较大。常见的并发症有：丹毒（俗称"流火"，为皮下软组织急性炎症）、淋巴管炎和淋巴结炎、蜂窝织炎、癣菌炎（由手足癣等真菌内毒引起的全身反应）。

预防癣症最好的办法是讲究个人卫生，勤洗澡、洗头、洗脚，勤换衣袜，不穿别人的鞋和衣服。

3. 总体预防措施

（1）**锻炼身体，增强抵抗力**。中职生在校期间要养成良好的锻炼习惯，可以通过早操、体育课、课间操、课外活动等体育锻炼，增强身体素质，增强抵抗流行性疾病的能力。

（2）**切断传染途径**。主要包括消灭四害（老鼠、臭虫、苍蝇、蚊子）以及蟑螂等易传染疾病的动物。

- 对饮食、水源、粪便加强管理或进行无害化处理。
- 不随便倒垃圾，不随便堆放垃圾。

（3）**注意日常卫生**。

- 养成用流动的水勤洗手、洗脸，不用他人毛巾擦手、擦脸，不用脏手揉眼睛，不随地吐痰，打喷嚏、咳嗽捂住口鼻等良好习惯。

- 生熟食物要分开放置和储存。
- 食用田螺、牡蛎、螃蟹等水产品，必须加工至熟透。
- 生吃瓜果蔬菜要洗净；不吃腐烂变质或不洁的食物。
- 尽量不去卫生状况不好的美容美发店、游泳池。
- 注意气温变化增减衣服，避免外感风寒。
- 备一些常用消毒剂，如 84 消毒液、过氧乙酸消毒液等，定期对室内表面进行消毒清洗。

（4）远离传染源。

- 不要与肝炎病人、流行性出血性结膜炎病人、非典型肺炎病人等共用生活用品（餐具、剃刀、牙具、毛巾等），对其使用过的物品要及时蒸煮消毒。
- 若出现非典型肺炎、高致病性禽流感等重大疫情，尽可能不去医院和外出，并及时报告给卫生防疫部门，采取相对措施。去医院看病的人员，须戴口罩，回家后及时洗脸、洗手消毒。
- 严禁无关人员进入流行性疾病疫区。

（5）及早进行预防。

- 常备中药板蓝根、贯众、大青叶、金银花等药，最好在流感季节来临之前提前预防。
- 定期注射或接种流感疫苗、乙肝疫苗、狂犬病疫苗和抗狂犬病血清、流行性出血热疫苗等。
- 无论何种原因，如身体持续发热，都应及早就医。
- 及时将患流行性疾病的病人进行隔离；配合流行性疾病调查人员做好相关调查。

4. 养成良好生活习惯

（1）不随地吐痰。痰是呼吸道的垃圾，有呼吸道分泌的黏液、吸进肺里的灰尘、烟尘、细菌、病毒、真菌、呼吸道及肺组织的脱落细胞和坏死组织、血球、脓性物等。

在人体所有的分泌物中，痰所传播的疾病最多。在痰中含有几百种细菌、病毒和真菌。有 89 种类别的鼻病毒，几乎全部生活在呼吸道内；结核病 90%以上由呼吸道传播。

病人痰中的致病微生物更多。估计一天中，肺结核病患者吐出的痰里有 300 多亿个结核杆菌。痰中的结核杆菌在适当的温度和湿度下，可在室内存活数月，甚至数年。吐在地面上的痰，干燥以后可随扬起的尘土漂浮于空气中，可被他人吸入体内或随气流扩散至更广和更远的范围。非典型肺炎病毒随飞沫进入空气后可存活 4 ~ 6 小时，而在痰液中存活的时间则更长。随地吐痰的坏习惯，无疑增加了预防非典的难度。

专家指出，有痰憋住不吐也会害人。痰在呼吸道内不及时排出，给细菌繁殖提供温床，导致呼气不顺畅及呼吸困难，可能发展成肺气肿；诱发咳嗽，反复咳嗽将使肺泡发生变化导致功能低下；有些病人的痰还具有抗原性，含有收缩支气管的物质，使支气管痉挛，引发过敏性哮喘。因此专家指出，有痰还是要“一吐为快”，但注意不要随地乱吐。如在街上行走，一时有痰，可吐在餐巾纸、废纸上，扔进垃圾箱内；如果身上没有手纸，可吐在手帕上，回家洗净，再用消毒液浸泡一夜，次日清洗晾干。

此外，还要注意咳嗽、打喷嚏时要讲文明。有人研究，一次喷嚏可喷出 194 万个病毒，咳嗽可喷出 90 765 个病毒，若被他人吸入就可能感染疾病。流感、非典型肺炎、流脑、麻疹、风疹、腮腺炎、水痘和肺结核等是常见的空气飞沫传播的疾病。因此，咳嗽、打喷嚏时要用手帕（手纸）掩住口鼻，并及时洗手。

随地吐痰是不文明和不道德的行为，也是愚昧和落后的表现。随地吐痰破坏公共卫生，散布传染病的病原体，危害他人健康。

（2）勤洗手。人的一双手在职业活动和日常生活中与各种各样的东西接触，不但会沾染灰尘、污物，有时还会沾上有害有毒物品，更会沾上微生物、细菌、病毒。一般来说，人的一只手上大约黏附有 40 多万个细菌，如果手洗不干净，后果不堪设想。有些人还有些坏习惯，手一闲下来，就抠鼻子、揉眼睛，不但可能造成鼻子、眼睛黏膜的破损，而且为手上的病原物侵入人体创造了条件。“病经手入”的例子不胜枚举。

例如，引起感冒的病毒大约有 200 多种，其中，50% 是鼻病毒。在 70% 的感冒病人手上，能分离出这种病毒。感冒病毒在布手帕上能存活 1 小时，在人手上能存活 70 小时，而在硬质物体表面能存活 72 小时之久。感冒患者擦鼻涕时，将病毒沾到手上，再通过手把病毒转移到他接触过的地方——电话机、门把手、水龙头、扶梯等，健康人通过触摸这些沾了病毒的手或物品，再用手摸自己的眼睛、鼻子，于是便患上了感冒。由此可见，**洗手对预防感冒很重要，应经常用肥皂洗手，使用流动水洗手；不要用手直接擦鼻涕、揉眼睛、挖耳朵**。

在现实生活中，相当多的人在洗手时陷入了“误区”：一是不愿洗手，总觉得自己手“挺干净”或者“身体倍儿棒”“抵抗力强”，满足于“眼不见为净”，没有养成洗手的良好习惯；二是简单擦手，由于不具备洗手条件或懒，以擦代洗，用手绢、手纸，甚至衣襟、袖口，随便擦拭一下；三是盆水洗手，洗手时盆里的水已脏，用脏水洗手，手仍然是脏的；四是不用肥皂洗手，手依然洗不干净；五是只洗一遍手，刚刚用肥皂搓出点泡沫就马上用水冲掉了，泡搓时间短、冲洗遍数少，不符合科学洗手的基本要求。

你知道吗

洗手小常识

要做到勤洗手。饭前饭后、便前便后、吃药之前要洗手；接触过血液、泪液、鼻涕、痰液和唾液之后要洗手；做完扫除工作之后要洗手；接触钱币之后要洗手；室外活动、户外运动、劳动作业、购物之后都要勤洗手；在接触过传染病患者或患者的用品以后，更要反复洗手。

要做到会洗手。洗手分六步：掌心相对，手指并拢相互摩擦；手心对手背沿指缝相互搓擦，交换进行；掌心相对，双手交叉沿指缝相互摩擦；一手握另一手大拇指旋转搓擦，交换进行；弯曲各手指关节，在另一手掌心旋转搓擦，交换进行；搓洗手腕，交换进行。

（3）勤通风。中职生长期在教室、宿舍内生活，要注意防止室内空气污染。许多人有这样的体验：在门窗紧闭的室内待上一夜或几个小时会感到头昏脑涨，精神萎靡不振。如果经过一夜的睡眠，早上起来立即打开门窗，就会感到很舒服。睡眠状态下，一个人一晚上会呼出大量二氧化碳，门窗紧闭，房间里的氧气浓度会逐渐降低，容易造成大脑缺氧，严重影响我们的身体健康。试验表明，室内每换气 1 次，可除去室内空气中原有害气体的 60%。让外面的新鲜空气充分地和室内的混浊气体进行交换，一般情况下，打开门窗 30 分钟后，60 平方米的房间室内空气就可以得到更新。

我们每天有近 1/3 的时间是在睡眠中度过的，在睡眠过程中，散发的汗液、油脂分泌物等会滞留在被褥中，极易滋生细菌。如果家里还养着猫、狗、鸟之类的宠物，室内空气就更容易污浊了。装修不久的房子和新买的家具，更会加剧室内空气污染程度。据统计，大约 35.7% 的呼吸道疾病、22% 的慢性肺病以及 15% 的气管炎、支气管炎和肺癌是由室内环境污染引起的。

更重要的是致病微生物在一定空间内的数量越多，使人感染传染病的可能性越大。通风虽然不能杀灭病原体，但可以通过空气的流通把病原体吹到室外，稀释和减少病原体，减少人被感染的机会。开窗通风是一种良好的卫生习惯，更是一种不用花钱的室内空气自然消毒法。

即使天气比较冷，也应注意教室、宿舍的通风。每天开窗通风的次数以早、中、晚三次各通风 20 分钟为宜。在呼吸道传染病流行期间，一般要求 2～3 小时通风一次，每次时间为 30 分钟。

知识点 3　自然灾害与公众场所安全危机

一、自然灾害

纵观人类历史，可以看出，所谓灾害及其发生原因有两种情况：一是自然变异，二是人为影响。二者都危害到了人类生命财产与生存条件，所以，我们把这类事故统称为灾害。再细而分之，把以自然变异为主要原因产生的灾害称之为自然灾害，如地震，沙尘暴等；把以人类影响为主要原因产生的灾害称之为人为灾害，如人为引起的火灾与交通事故。人类对自然资源的过度开采与利用，自然灾害越来越频繁。即将走向工作岗位的中职生更应该了解应对的防护措施与安全知识，从而更好地保护自身安全。

1. 海啸

海啸是一种具有强大破坏力的海浪。这种波浪运动引发狂涛骇浪，汹涌澎湃，它卷起的海涛，高可达数十米。这种“水墙”内含极大的能量，冲上陆地后所向披靡，往往对生命和财产造成严重的摧残。例如，智利大海啸形成的波涛，移动了上万公里仍不减雄风，足见它的巨大威力。

（1）海啸预兆。

- 地震海啸发生的最早信号是地面强烈震动，地震波与海啸的到达有一个时间差，正好有利于人们预防。
- 如果发现潮汐突然反常涨落，海平面显著下降或者有巨浪袭来，都应以最快的速度撤离岸边。
- 海啸发生前海水异常，退去时往往会把鱼、虾等许多海生动物留在浅滩，场面蔚为壮观。此时，千万不要前去捡鱼或看热闹，应当迅速离开海岸，向内陆高处转移。

（2）海啸自救与互救。发生海啸时，航行在海上的船只不可以回港或靠岸，应该马上驶向深海区，深海区相对于海岸更为安全。

如果在海啸时不幸落水，要尽量抓住木板等漂浮物，同时注意避免与其他硬物碰撞。在水中不要举手，也不要乱挣扎，尽量减少动作，不要游泳。能浮在水面随波漂流即可，既可以避免下沉，又能够减少体能的无谓消耗。

如果海水温度偏低，不要脱衣服，不要喝海水。海水不仅不能解渴，反而会让人出现幻觉，导致精神失常甚至死亡。尽可能向其他落水者靠拢，这样既便于相互帮助和鼓励，又因为目标扩大更容易被救援人员发现。

你知道吗

如何对落水者实施现场急救

人在海水中长时间浸泡，热量散失会造成体温下降。溺水者被救上岸后，最好能放在温水里恢复体温，没有条件时也应尽量裹上被、毯、大衣等保温。注意不要采取局部加温或按摩的办法，更不能给落水者饮酒，饮酒只能使热量更快散失。给落水者适当喝一些糖水有好处，可以补充体内的水分和能量。

要及时清除落水者鼻腔、口腔和腹内的吸入物。具体方法是：将落水者的肚子放在你的大腿上，从后背按压，将海水等吸入物倒出。如心跳、呼吸停止，则应立即交替进行口对口人工呼吸和心脏按压。如果落水者受伤，应采取止血、包扎、固定等急救措施。

2. 地震

地震是大地的振动，它发源于地下某一点，该点称为震源。振动从震源传出，在地球中传播。地面上离震源最近的一点称为震中，它是接受振动最早的部位。大地震动是地震最直观、最普遍的表现。在海底或滨海地区发生的强烈地震，能引起巨大的波浪，即为上文介绍过的海啸。地震是极其频繁的，全球每年发生地震约 500 万次。

（1）地震来临前的征兆。长期的观察研究表明，地震前是会出现一些征兆的，能够提醒人们提高警惕。

- 动物出现异常。例如，大量的蛇爬出洞来长距离迁移；家禽家畜不吃不喝，狂叫不止，不进窝圈；大量的老鼠白天出洞，不畏追赶；动物园里的动物萎靡不振，卧地不起等。
- 地下水发生异常。例如，震区的枯井突然有了水，井水的水位突然大幅度上升或下降，井水由苦变甜、由甜变苦等。
- 出现地光和地声。临震前的很短时间里，大地常会突然发出彩色的或强烈的地光，还可能发出轰隆隆的或像列车通过或像打雷般的巨响。
- 有的人也有异常感觉。地震发生前，某些人也会有异常感觉，特别是老人、儿童、患病者可能更为明显。

（2）震后的自救原则。被埋压后要有坚强的求生意志。应设法先将手脚挣脱出来，清除压在自己身上特别是腹部以上的物体，自我脱险。自我脱险时，要观察四周有没有通道或光亮，分析、判断自己所处的位置，从哪个方向可能脱险。然后试着排开障碍，开辟通道。如果床、窗户、椅子等旁边还有空间的话，可以从下面爬过去或者仰面过去。倒退时，要把上衣脱掉，把带有皮扣的皮带解下来，以免中途被阻碍物挂住。最好朝着有光线和空气的地方移动，身体不要太紧张，要尽量放松，否则在通过狭窄的地段时将会发生困难。头朝下往下滑行时，不要将两手都放在前面，一只手要放到身体的侧面，这是防止身体失去平衡的必要措施。两手交替抱住胸部，用胳膊肘滑下来效果比较好。

如果不可能开辟逃生通道，或周围有玻璃、不牢固的床板、电路等危险品，或所处房屋年久失修、稍震即塌，不应轻举妄动，要做出等待救援的决定，并争取做到以下 3 点，尽量保存体力。

- 不要大喊大叫。因为被压在废墟里的人听外面人的声音比较清楚，而外面的人对里面发出的声音却不容易听到。当你听不到外面有人时，任凭怎样呼喊也无济于事，只有听到外面有人时再呼喊，才能收到良好的效果。长期无效呼喊，消耗大量体力，增加死亡威胁。听到人声后，再用石块敲击铁管、墙壁，发出呼救信号。
- 设法找到食品、水或代用品。等待救援时间是不可测的，所以求救者切不可自危自杀，而应积极创造生存条件，在一定的范围内寻找或储存可维持生存的食品，尤其是水源，来缓解在等待救援过程中的基本生理需求。
- 保护自己不受新的伤害。震后，余震还会不断发生，环境还可能进一步恶化。应设法用砖头、木头等支撑可能坠落的重物；设法用手巾、衣服或手捂住口鼻，防止被烟尘呛闷窒息的危险；设法向有光线和空气流通的方向移动，创造生存空间，耐心等待救援。

（3）**震后互救原则及注意事项。震后互救原则：先救多，后救少；先救近，后救远；先救易，后救难**。要注意抢救青壮年和医务工作者，壮大抢险力量。及早展开互救，能最大限度地减少伤亡。

试一试

同学们，你们还记得四川、汶川地震吗？请列举一下其震兆。

先抢救困于建筑物边缘废墟、房屋底层或未完全遭到破坏的地下室中的人员。学校、饭店、医院等人员密集的地方是抢险的重点。

要耐心观察，特别要留心倒塌物堆成的“安全三角区”。仔细倾听各种呼救的声音，如敲打、呼喊、呻吟等。要多问，了解倒塌房屋居住者的起居习惯、房屋布局等情况，推测哪里可能有人被埋压。

发现遇险者后，一定要注意：挖掘时，要注意保护被埋者周围的支撑物。要使用小型轻便的工具，越接近被困人员越要小心挖掘。如一时无法救出，可以先输送流质食物，并做好标记，等待下一步救援。发现被困者后，首先应帮他露出头部，迅速清除口腔和鼻腔里的灰土，避免窒息，然后再挖掘暴露其胸腹部。如果遇险者因伤不能自行出来，绝不可强拉硬拖。

3. 龙卷风

龙卷风是从强对流积雨云中伸向地面的小范围强烈旋风。龙卷风的袭击突然而猛烈，产生的风是地面上最强的。例如，在美国，龙卷风每年造成的死亡人数仅次于雷电。它对建筑的破坏也相当严重，经常是毁灭性的。在强烈龙卷风的袭击下，房子屋顶会像滑翔翼般飞起来。一旦屋顶被卷走后，房子的其他部分也会跟着瓦解。建筑房屋时，如果能加强房顶的稳固性，将有助于降低龙卷风经过时造成的巨大损失。

在野外遭遇龙卷风时，要快跑而不乱跑。应以最快的速度朝与龙卷风前进路线垂直的方向逃离。来不及逃离的，要迅速找一个低洼地趴下。正确的姿势是：脸朝下，闭上嘴巴和眼睛，用双手、双臂保护住头部。一定要远离大树、电线杆、简易房等，以免被砸、被压或触电。

躲避龙卷风最安全的地方是混凝土建筑的地下室或半地下室，简易住房很不安全，千万不要待在楼顶。如果人在室内，要避开窗户、门和房子的外墙，躲到与龙卷风方向相反的小房间内，面向墙壁抱头蹲下。用厚实的床垫或毯子罩在身上，以防被掉落的东西砸伤。在电线杆或房屋已倒塌的紧急情况下，要尽可能切断电源，以防触电或引起火灾。如果来得及，可打开门窗，使室内外的气压得到平衡，以避免风力掀掉屋顶，吹倒墙壁。

4. 高温天气

当最高气温达到 35℃以上时，就是高温天气。高温天气会给人体健康、道路交通、居民用水、生活用电等方面带来严重影响。

（1）预防措施。

- 注意收听高温预报，饮食宜清淡；多喝凉开水、冷盐水、白菊花水、绿豆汤等防暑饮品。
- 室内要注意保持早晚通风，可在室内适当洒水降温。如在户外工作，可早出晚归，中午多休息。
- 准备一些常用的防暑降温药品，如清凉油、十滴水、人丹等。
- 夏季炎热，衣着要宽大舒适，以通风透气性好、吸湿性强的棉织物为宜。外出时的衣服尽量选用棉、麻、丝类的织物，少穿化纤类服装。
- 合理安排作息时间。最佳就寝时间是 22 时左右，最佳起床时间是 6 时左右。睡眠时注意不要躺在空调的出风口和电风扇下，以免患上空调病和热伤风。空调温度应控制在与室外温度相差 5℃～10℃，室内外温差太大，反而容易中暑、感冒。
- 白天尽量减少户外活动时间，中午 12 时至下午 2 时最好不要外出。

（2）应对措施。

- 高温时间外出时，应备好太阳镜、遮阳帽、清凉饮料等防暑用品。长时间外出还要准备好十滴水、清凉油、人丹等防暑药物。
- 乘车长途旅行时要适当站起来活动，改善臀部、背部的透气性，不要长时间靠、坐、睡觉，否则局部汗液排泄不畅及被汗液长时间浸渍处易生痱子。
- 晒伤皮肤出现肿胀、疼痛时，可用冷水毛巾敷在患处，直至痛感消失。出现水泡，不要去挑破，应请医生处理。
- 衣衫被汗液浸湿后要及时更换。皮肤上的汗液要及时擦干，还应注意皮肤清洁，勤用温水洗脸洗澡。
- 出汗后，应用温水冲洗，洗净擦干后，在局部易生痱子的地方适当扑些痱子粉，以保持皮肤干燥。

你知道吗

如何对中暑的人施救

一旦发现他人中暑，应尽快将其移到阴凉通风处，将患者的衣服用冷水浸湿，裹住身体，并保持潮湿；或者不停地给患者扇风散热并用冷毛巾擦拭患者身体，直到他的体温下降到 38℃以下。用冷水毛巾敷于头部，给患者喝冷盐开水，口服十滴水 5 毫升，太阳穴涂清凉油。

如果中暑者意识还比较清醒，应让他身体保持坐姿休息，头与肩部给予支撑。如果中暑者已失去意识，应让他平躺。给患者及时补充水分，通常口服补盐液就足够了，并且越凉越好。多次少量地喝，不要大口喝，以免导致呕吐，如果病情严重，需送往医院救治。

对于重症中暑者，应尽快进行物理降温，如在额头上、两腋下和腹股沟等处放置冰袋，以防脑水肿，同时用冷水、冰水或者 75%酒精（白酒也可）擦全身。如果病情严重应及时就近送往医院。

5. 洪涝灾害

自古以来，洪涝灾害一直是困扰人类社会发展的自然灾害。我国有文字记载的第一页就是劳动人民和洪水斗争的光辉画卷——大禹治水。时至今日，洪涝灾害依然是对人类影响最大的灾害。

试一试

我国为什么每年要抓防汛工作，2010 年有哪些地方有洪灾？

（1）洪水来临前的准备。根据当地电视、广播等媒体提供的洪水信息，结合自己所处的位置和条件，选择好最佳路线，做好撤离准备。为防止洪水涌入室内，最好用装满沙子、泥土和碎石的沙袋堵住大门下面的所有空隙。如预料洪水还要上涨，窗台外也要堆上沙袋。

备足速食食品或蒸煮够食用几天的食品、饮用水和日用品。扎制木排、竹排，搜集木盆、木材、大件泡沫塑料等适合漂浮的材料，加工成救生装置以备急需。也可使用废弃轮胎的内胎制成简易救生圈。将不便携带的贵重物品作防水捆扎后埋入地下或放到高处，票款、首饰等小件贵重物品可缝在衣服内随身携带。准备哨子、手电筒、颜色鲜艳的旗帜或床单等发信号用具。手机充电，带好备用电池，用塑料袋包好防水。

（2）洪水暴发后的自救。观察水势和地势，然后迅速向附近的高地、楼房转移。切记不要爬到易倒塌的土坯房屋顶。如洪水来势很猛，就近无高地、楼房可避，可抓住有浮力的物品，如木盆、床板、木椅、木板等。必要时，爬上高树也可暂避，但不要攀爬带电的电线杆、铁塔。如果来得及，尽量多吃些巧克力、糖、甜点等高热量食物，以增强体力。

如洪水没有漫过头顶，且周边树木比较密集，可用结实且足够长的绳子（可用床单、被单撕开替代）作为安全绳向地势较高处转移。转移时，先把绳子的一端拴在屋内较牢固的地方，然后牵着绳子走向最近的一棵树，把绳子在树上绕若干圈后再走向下一棵树，如此重复，逐渐转移到地势较高的地方。注意，不要孤身游泳转移。

如已被卷入洪水，尽可能抓住固定的或能漂浮的东西，寻找机会逃生。

（3）山洪暴发时的自救。山区连降大雨，容易暴发山洪。山洪暴发时，不要涉水过河，不要沿着山洪道方向跑。要向两侧山上或较高地方转移，要注意防止山体滑坡、滚石、泥石流的伤害，要与当地政府取得联系，寻求救援。

6. 冰雪天气

冰雪天气包括大幅度降温、暴风雪、寒流等低温冰雪天气，主要危害是道路不通，积雪覆盖草场，冻伤冻死人畜，摧毁水电暖气设施等，给人们的生活造成极大的威胁。

（1）预防措施。

- 随时收听天气预报，提前做好准备工作。储备足够的食品、饮用水、燃料和打火机及手电筒、蜡烛等，以防冰雪破坏供电、供水、煤气管道。
- 防寒不好的房屋应及时加固门窗避寒，同时为家畜备好饲料，在窝棚做好保暖工作。
- 得知冰雪天气警报后，老人、孩子、心血管和肺部疾病患者应做好防寒保暖准备，不要出门，并通过电话与外界保持经常的联系。
- 学生尽量步行来校，尽量选择安全行走道路，以防滑倒跌伤，不要骑车，避免雪天车辆易滑造成交通事故。
- 放寒假的中职生回家期间，一方面应注意人身安全，防止站台人多地滑，产生拥挤出现事故；另一方面，坐长途车如遇严重雪灾天气，应保持乐观积极的态度，及时与家人取得联系或与老师及学校商议。

（2）应对措施。

- 如果是独自在野外徒步行走，遭遇暴风雪时，首先要选择干燥背风、向阳的地方，如岩石、洞穴、树林或矮树丛等地藏身，用灯光、声音和通讯工具紧急求救。藏身时绝不能睡着，以防冻伤。
- 在严寒中，头、手指、手腕、膝盖、足踝都是最容易散失体温的裸露部分，这些部位应该充分保暖。可将毛衣、背心和开襟羊毛衫塞进裤腰里保护腰部。如衣服湿了，想办法把里面的衣服弄干，虽外层衣服湿着但可多一层保护。
- 如果在又湿又冷的地方待久了，应该尽量保证脚部的干燥，每天晚上都应该干燥一下袜子，任何硬帆布、粗抹布都可包脚，各层之间可用干草隔开。
- 在冰冷刺骨的地方要多运动，只要环境允许就要不停地动。雪地水源丰富，不过要烧开才能饮用，否则会引起腹泻。
- 在野外随身携带的食品和饮用水用完后，可积极寻觅食物。对寻找的无毒食物和饮用水必须煮熟后食用。

你知道吗

对冻伤者的现场急救

同伴局部冻伤时，应尽快将患者移至温暖的帐篷或山屋中，轻轻脱下伤处的衣物及任何束缚物，如戒指、手表等，可用皮肤对皮肤的传热方式温暖伤处，或将伤处浸入温水中，冻伤的耳、鼻或脸可用温湿毛巾覆盖，可慢慢地用与体温一样的温水浸泡伤处使之升温。如果仅仅是手冻伤，可以把手放在自己的腋下升温，然后用干净纱布包裹伤处，并送医院治疗。

身体冻伤非常危险，几乎所有的冻伤者都会出现发呆、嗜睡。如果让病人入睡，体温便降低就此身亡。因此，此时一定不要让同伴入睡，让其强打精神并振作活动，当全身冻伤者出现脉搏、呼吸变慢时，要保证其呼吸道畅通，并进行人工呼吸和心脏按摩，要渐渐使其身体恢复温度，然后速去医院。

冻僵的伤员已无力自救，救助者应立即将其转运至温暖的房间内，搬运时动作要轻，避免僵直身体的损伤。然后迅速脱去伤员潮湿的衣服和鞋袜，将伤员放在38℃～42℃的温水中浸浴；如果衣物已冻结在伤员的肢体上，不可强行脱下，以免损伤皮肤，可连同衣物一起浸入温水，待解冻后脱下。

二、公众场所拥挤踩踏危机

在校园内，从教室拥向操场、卫生间时，在窄小的楼梯与走廊里最易发生不测。特别是在中职校园内，学校往往在公开场合举办如运动会、动员大会、讲座等一系列人数众多的活动，而拥挤往往可能造成人员伤亡，轻者压挤到皮肤、软组织，使其撕裂、挫伤；重者可造成骨折、窒息甚至死亡。所以，我们必须提高中职生公共活动安全意识，提高警惕，避免恶性事故的突然发生。

1. 预防措施

在人多拥挤的场所，一旦发生混乱，后果不堪设想。因此，当学校进行集体活动时，应避免造成局部区域人员过于拥挤的现象，从而预防恶性事故发生。

举行大规模文化娱乐体育活动，学校应制定突发事件的应急预案。学生按老师的指点站、坐，不要扎堆。

- 局部有人大声喧哗，不要一窝蜂跑去看热闹，应站在原地或远离喧哗人群，保证自身安全。
- 上、下楼梯或在楼上走廊穿行时，要依序慢行，切忌推搡打闹或前推后拥挤成团。
- 行走在桥梁、楼梯、楼道上时，不能齐步走，以防行走频率暗合建筑物固有频率而使桥塌、楼垮。

2. 危机应对的原则

- 在中职校园内若发生拥挤时，应保持镇静；若周围人群处于混乱时，不要盲目跟随移动，在相对安全的地点短时停留，尽量侧靠着墙壁，以保证自己不被挤伤。若后方人群压过来，只能向前走时，要保持冷静，将两臂横在胸前，稳住脚跟，尽量不要往前扑，保持身体平衡，切忌摔倒。
- 拥挤中被挤掉书包、鞋子等，切勿低头捡拾，否则后面的人群拥上来，会出现死伤事故。
- 注意收听广播，听从工作人员指挥调动，服从现场工作人员引导，尽快从最近的安全通道或应急出口撤离，切勿逆着人流或抄近路行进。撤离时要注意照顾好一些弱势群体，如女同学或行动不便的同学，帮助他们疏通道路。
- 不到方法用尽时不要贸然采取危险方法逃生，如跳楼、跳水等方式同样会带来伤害。

3. 危机应对的具体措施

在拥挤的人群中，要时刻保持警惕，当发现有人情绪不对或人群开始骚动时，就要做好准备保护自己和他人。

发觉拥挤的人群向着自己行走的方向拥来时，如果路边有商店、咖啡馆等，可以暂避。遭遇拥挤的人流时，如有可能，抓住路灯柱之类坚固牢靠的东西，待人流过后，迅速而镇静地离开现场。

撤离时不要奔跑，脚下要敏感，千万不能被绊倒，避免自己成为拥挤踩踏事件的诱发因素。千万不要逆着人流前进，那样容易被推倒在地。不要采用体位前倾或者低重心的姿势，即便鞋子被踩掉，也不要弯腰提鞋或系鞋带。当发现自己前面有人突然摔倒了，马上要停下脚步，同时大声呼救，告知后面的人不要向前靠近。

若被推倒，要设法靠近墙壁。面向墙壁，身体蜷成球状，双手在颈后紧扣，以保护身体最脆弱的部位。

你知道吗

公众场所的安全危机应对方法

参加大规模公众活动时，入场前就要看清楚出口和各种逃生标志。如果是在足球场、舞厅、大型商场等人多的地方，除了出入通道，还应该事先观察是否有其他逃生途径。

体育场内最安全的地方是球场草地，如果发生意外，没有必要一定从进出通道挤出去。留在人群后面至少 15 分钟，让大部分人散去才离开是一种安全的选择。如果观看的是一场激烈的比赛，双方球迷情绪又比较激动的话，看完球赛后一定不要忘记除去身上表示所拥戴球队的所有标志，以免遭到另一球队的球迷的报复。

观看大型演唱会时，一定要注意看台的踏板是否牢固，不要和狂热的歌迷们一起站在踏板上，以防踏板不够牢固，造成摔伤事故。如果大型文体活动现场发生意外事故，不要盲目跟随人群拥挤逃窜，稳定惶恐心理后，仔细观察周围场地，寻找逃生机会。

大型商场在打折时同样会聚集很多人，在上、下楼梯时，一定要注意站在右侧，抓牢扶手，尤其要注意脚下，不要踏空，以防摔伤。

1. 什么是“突发公共事件”？

2. 怎样有效预防食物中毒？若发现多人出现食物中毒症状应该如何应对？

3. 简述被动物咬伤、抓伤后的处理方法。

4. 地震后如果被压埋，而且无法开辟逃生通道时，应怎样应对？

第三章 校园外的安全防范

教学目标

本章主要叙述了中职生在校园外的课余生活中可能遇到的几种不安全因素，阐明了在求职、实习过程中的安全防范手段，日常生活中出行交通安全知识以及外出旅游途中应注意的事项。学生在外出时应加强警惕，不能马虎大意，及时预防和处理在校园外遇到的意外和危机。

教学要求

认知： 中职生缺乏社会经验，容易上当受骗，应学习和掌握校园外的安全防范知识。

情感： 校园是学生的一层保护伞，走出校园就要用知识武装自己，更好地抵御外来侵害。

运用： 学生在外出时利用所学的知识和方法甄别善恶、美丑，既能自我保护，又有助于形成正确的世界观、人生观和价值观。

现年 20 岁的钟某是浙江兰溪市人，就读于某市的中职院校。前不久，为了减轻家里经济负担，钟某想利用暑期做家教。一天，钟某接到职介所电话后外出。第二天下午，同寝室的同学发现钟某已经一天一夜没有回学校，马上报告了老师，老师连忙向警方报案。当晚，该市公安局刑侦大队经过排查后，发现有诈骗前科的尹仁兵有重大作案嫌疑。果然，当民警将在睡梦中的尹仁兵叫起来时，他战战兢兢地交代了自己的恶行。

那天中午，心怀鬼胎的尹仁兵来到职业介绍所，谎称要为自己孩子找一个女中职生做家教，每月支付 800 元工资。钟某随尹仁兵到了他家后，等了半个小时，不见小孩来，便产生了疑问。这时尹仁兵对其动手动脚。钟某夺门而出，表示要去报案。慌了神的尹仁兵连忙卡住她的脖子，将她活活掐死。事后，尹仁兵又趁天黑将尸体搬到镇里的化粪池内，封上口。第三天零时，民警在化粪池内找到了遇害者钟某的尸体。

知识点 1 实习期间的安全防范

在今天供需严重不平衡的就业市场中，就业竞争日益激烈，就业压力日益扩大，一些别有用心的人就利用学生求职心切的心理，设置陷阱。如果出现了就业安全危机，该如何应对呢？而涉世未深、社会阅历较浅的中职生在求职就业的过程中很容易落入一些就业陷阱。如何自我保护，消除求职和实习过程中的人身侵害隐患，这也成为安全教育的重中之重。

一、顶岗实习

某职业中专二年级的学生，根据学校规定，进行为期一年的顶岗实习。他心想，这下可以自由了，就借口说在亲戚家居住，却在郊区租了房子。不久，发生了煤气中毒，经及时送往医院抢救方才脱离危险。

在以就业为导向的人才培养模式下，工学结合是必由之路。工学结合有多种形式，顶岗实习是必不可少的。

1. 提高防范意识

顶岗实习期间，学生应提高安全意识，严格遵守国家的相关规定和实习单位的规定，严防各种火灾、偷盗、被骗、交通事故的发生，保证实习期间的各项安全工作。

（1）增强安全意识。在顶岗实习过程中，同学们将会进入到各种不同的行业当中，然而各个行业或轻或重地都存在着各种安全隐患。工作伊始，每一位中职生都必须增强自己的安全意识，以保证自己的生命、财产安全和身心健康。

（2）熟悉劳动操作。中职生进入岗位后，要尽快熟悉所从事职业岗位的工作特点，严格遵守各种劳动安全操作规程，保持好学好问的求知态度，积极向专家、管理人员或老同志请教劳动安全基本常识，努力提高专业工作技能，从根本上杜绝劳动安全事故的发生。

（3）懂得劳动保护。劳动保护是每个人都拥有的权利，劳动者包括顶岗实习的中职生有权要求改善劳动条件和加强劳动保护，保障自己在生产劳动过程中的安全健康。同时用人单位必须建立健全劳动安全制度，严格遵守和执行国家的劳动安全标准和规程，必须为劳动者提供符合国家规定的劳动安全条件和必要的劳动防护用品，必须对劳动者进行劳动安全教育，并采取各种有效措施预防或减少职业危害。

（4）注意防盗窃。中职生在顶岗实习期间，常常会往返于学校与实习地点之间，路途上要注意保管好自己的钱物，贵重物品一定要随身携带，不要随意放置；要注意观察周围人员情况，不要长时间睡觉；同学之间要相互照应，轮流看管行李物品。在实习单位平时要注意钱物保管，身上不要携带大量现金，最好及时存入附近银行，办理银行卡，便于携带保管。

（5）注意防抢劫。顶岗实习期间，中职生应该避免外界的诱惑，一般不要单独外出，确需外出办事，最好三个以上同学一起；外出办事尽量走人员较多的道路，不要到人员稀少、背街小巷去，以免被劫。

（6）注意防诈骗。在当今社会，各种诈骗更是防不胜防，一些犯罪分子通常采用欺骗和敲诈勒索的手法来作案。所以中职生更应时刻保持警惕，不要被他人虚假的言行所迷惑，信以为真，受骗上当。

（7）注意避免交通事故。在顶岗实习期间，学生只身在外，学校和老师无法顾及，中职生要严防各种危及安全的事件发生。

2. 应对和处理顶岗实习中的安全危机

同学们在顶岗实习之前，应该本着平等自愿、协商一致的原则，与用人单位签订有关劳动用工合同，在合同中明确、细致、全面地规定出双方当事人的责、权、利及应尽义务，预防劳动争议的发生。

劳动争议 **是指企业、事业单位、国家机关、社会团体和与之形成劳动关系的劳动者之间，因劳动引起的权利义务关系而发生的纠纷。**对于顶岗实习的学生来说，最容易在劳动薪资、劳动质量等方面产生劳动争议。

劳动争议一旦发生，学生可以通过学校向政府劳动争议仲裁机关或职能部门依法申请调解、仲裁或提起诉讼，也可以协商解决，从而有效维护自己的合法权益。

学生在顶岗实习期间，一定要服从老师的统一安排，最好大家集体行动，遇到问题，也好妥善解决。

二、勤工俭学

一些骗子往往利用中职生急于赚钱的心理，投其所好，应其所急施展诡计而骗取财物。某中职生王某赚钱心切，明明家教中心给介绍的是一份家教工作，但是和家长见面后，家长自称自己老公的公司里需要找兼职人员，问她是不是可以介绍几位同学，声称还要帮王某还上买电脑欠下的钱和介绍其他的家教给王某，王某心里还十分感激这位家长，这位家长还请王某吃了一顿便餐，其间还说了不少好话。就这样，王某把这位家长所说的需要的工作服押金给了他，这位家长收到钱后却一去不复还，手机也总是处在“无法接通”的状态。

近年来，学生参加勤工俭学活动的人数及热情不断上升。每年寒暑假，许多同学都会加入打工的行列。课余时间，一些同学开始尝试做家庭教师、发广告、产品营销等活动。在这些勤工俭学活动中，学生得到了锻炼，增长了知识，提高了自立能力，解决了实际困难，这是值得肯定的。但是，由于学生思想比较单纯，对错综复杂的社会情况还认识不深，很容易受到不法侵害。

1. 家教活动安全防范

（1）选择正规的家教渠道。中职生找家教一定要通过正规的渠道，如学校的勤工助学中心、正规的家教服务机构、大型的人才市场等，通过 BBS、报纸、街头举牌、散发和张贴小广告等方式很容易被不法分子所利用。

（2）认清家教职责，不要轻易缴纳各种费用。有些请家教的人有着不良的动机，由于条件的限制，家教中心也无法确定每位家长的真实身份，中职生和家长见面后所发生的事情，这是家教中心所不能预料和控制的。对付此种骗局，就需要中职生本身一定要认清自己的工作职责，你找的是家教，是挣钱的，而不是其他任何职业，不是需要预先付钱的，认清这一点，骗子的计谋就不可能得逞。一旦发现可疑人员要及时上报，上当受骗后要及时报案、大胆揭发，使犯罪分子受到应有的法律制裁。

（3）不要轻信陌生人，不要轻易提供家里的电话给陌生人。

某大学计算机专业大二学生何文不久前在免费信息报纸上登了一则征求家教的广告，一陌生男人打来电话，以请家教为名，要其电话并约好明天见面的地点和时间。可是在何文到达地点时此人却以生意忙为由说“11 点才能过来”，一会何文接到了另外一个陌生人的电话：“我是禁毒大队的，正在追捕一名毒贩，毒贩把手机呼叫转移到你手机上，你要关机 4 小时。”何文相信了，关掉手机。同时骗子把电话打到了何文的家里称其“出去玩被车撞，骨头粉碎，脑花都出来了，快寄 8 000 元动手术”。而且还有两“学生”在电话中边哭边证实。父母筹了 8 000 元去县城把钱打到“医院”账上。不久，对方又说由于时间拖得太久伤口感染，还需 5 000 元。父母把仅剩的 2 000 元打上去了，就这样骗子骗到了 1 万元。

过多地透露电话信息，就给犯罪分子提供了可乘之机，一定要谨慎。另外，一定不要轻易相信别人煞有介事的说辞。

（4）不要轻易将自己的财物借与他人。

某校高职学生小斌接到家教服务中心打来的电话，说有位先生看了小斌存档的资料后，决定聘请小斌做他女儿的家教。家教服务中心的工作人员没有告诉小斌对方的联系电话，只对小斌说，雇主会在晚6点左右和她联系。晚上6点多，小斌接到电话，家长说要请小斌吃晚饭，并要求小斌马上赶到省人民医院附近某酒家。小斌知道机会来之不易，便一个人来到这家酒家。雇主点了许多菜，称要盛情款待“小老师”。小斌没见着雇主的孩子，便问道：“你怎么不带小孩来和我见个面？”雇主称他老婆和孩子一会儿就来，说着他便要给老婆打个电话。他摸了摸口袋，称手机忘了带，要借小斌的手机一用。小斌也没多想，就把手机借给了他。男子起身打电话，边说边走出了包厢……，小斌意识到事情不妙时，赶紧追出包厢，却根本不见那男子的影子……

家教是在学员家中进行的或是在双方约定的图书馆、自习室进行，如果对方和你约见在其他和家教不相关场合并提出要借用你的贵重物品时，一定要提高警惕。

（5）及时结算费用，以防雇主拖欠工资。做家教之前一定要和对方确认好价格，并在每次上完课后及时结算，如果对方是按照月付费，则最好与对方签订劳务合同，充分保障自己的利益不受侵害。

以上这些家教活动中存在的一些危机都需要引起中职生的警惕，无论是遇到任何事情，一定要保持头脑清醒，及时向有关部门反映问题。作为学生本身也一定要严格要求自己，多参加一些社会活动，多听一些关于法律的知识讲座和安全防范教育活动，多掌握一些防范知识，对于自己有百利而无一害。

2. 传销陷阱

近段时间以来，千名学生身陷传销泥潭的新闻，成为各地传媒的报道重点。尤其通过重庆“欧丽曼”非法传销的典型案例，公众社会突然意识到了一个令人不安的事实，那就是被称为“老鼠会”的地下传销机构已经把学生当作主要的发展对象。

四川一名女中职生谷兰（化名）不幸陷于网络传销骗局，被困广州七天六夜，过着噩梦般的日子。在四川省公安厅厅长吕卓的亲自指示下，川、粤两地警方终于将她解救回川。

（1）传销的概念。

传销 是指生产企业不通过店铺销售，而由传销员将本企业产品直接销售给消费者的经营方式。为保护消费者合法权益，促进公平竞争，维护市场经济秩序和社会稳定，国务院于 1998 年发出关于禁止传销经营活动的通知：一、传销经营活动不符合现阶段国情，已造成严重危害。二、自本通知发布之日起，禁止任何形成的传销活动。三、加大执法力度，严厉查禁各种传销和变相传销行为。

现在的传销更多采用故意混淆传销与连锁销售概念，将拉人入伙赚取的人头费说成是销售物品收取的介绍费，同时利用网络等渠道使其行为更为隐蔽。

传销和直销最大的区别在于组织结构不同。直销是指商品从生产者直接到消费者，没有通过其他中间层。而传销主要的特点是“拉人头”。

（2）传销组织诱骗伎俩。北京一著名 BBS 网站曾做过一项调查，结果显示，学生虽然通过媒体知道传销的危害，但是他们对传销本身如何运作的认知程度却低得可怜，调查中只有少数人能够说出传销的主要特点，大多数人不能分辨传销和直销的区别，更有少部分学生认为传销就是上门推销商品，而几乎没有人从学校受到过任何有关传销的专项教育。

- 陷阱之一：请君入瓮——让你最信任的人欺骗你。
- 陷阱之二：精神鸦片——你也能当百万富翁。
- 陷阱之三：本来面目——骗钱没商量。
- 陷阱之四：劣迹斑斑——人身控制+暴力威胁。

据警方人员介绍，利用学生传销有如下特点：

- 分布广、人数多。从目前的情况来看，参与非法传销的人员涉及全国 10 多个省、市的 2 000 多名学生，且男女均有。
- 人员结构特征明显。年龄较低，普遍在 20 岁左右。文化程度较高，多为在校学生。
- 组织结构严密。业务员发展采取单线联系，不同级别人员不允许往来，而只能在同级别管理内活动。
- 思想顽固。传销人员的妖言邪说很容易使学生转变思想。

主要有以下几方面原因：

❶ 从学生自身角度看，他们与社会接触面不广，往往急功近利，对生活的期望值过高，很容易被那些宣称能暴富的传销组织“洗脑”，上当受骗。同时，陷入传销组织的学生大多来自农村，家庭较为贫困，一旦被骗，无法索回交出的钱，但又想挽回损失，于是越陷越深，不能自拔。

❷ 从传销组织角度看，其使用的“洗脑”方法切合学生的心理需求，编造的谎言迎合了社会阅历浅、叛逆心理强的学生的完美幻想。

❸ 从社会环境看，人们对传销的认识不够深入，对直销和传销的区别知之甚少，尚缺乏全民抵制非法传销的社会氛围。

3. 正确应对勤工俭学活动中的安全危机

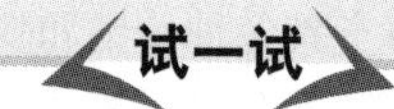

在节假日外出务工，你有过受骗的经历吗？

- 参加勤工俭学活动的学生，应自觉学习与遵守相关法律、法规，如劳动法、合同法和税法等，学会用法律依法保护自己的合法权益。
- 学生在校内勤工俭学，或者是通过勤工俭学服务中心参加工作的，一般比较安全，即使出现个别问题，也会在勤工俭学服务中心指导下很快得到解决。
- 识破虚假广告真面目，以防上当受骗。“高薪诚聘”是小广告中的诈骗“典范”，其主要手段是以收取押金为名进行诈骗。同学们不要因为高薪诱惑而轻信广告宣传，以免上当受骗。学生们在找家教过程中，不要轻易相信缺乏权威性报纸的广告信息，更不要只身与陌生的所谓学生家长见面。
- 以勤工俭学名义在校园内从事经商活动，必须遵守学校有关规定，以免给自己造成不必要的麻烦。在勤工俭学活动中，如果缺乏对有关法律、法规的了解，置校规校纪与自身安全于不顾，致使人身安全受到不法侵害，就很不幸了。
- 如果利用晚上时间到校外从事家教或其他勤工俭学活动，在第一次正式工作之前，一定要先熟悉周围的环境，走夜路时尽量走有路灯的大道，要注意交通安全。遇到恶劣天气最好乘公共汽车。北方冬季路上还有冰雪，更要小心。
- 利用寒暑假打工，在校外租房的同学，一定要坚持双方签订房屋租赁书或协议书，条款越细越好。有一部分男生在假期从事以体力劳动为主的勤工俭学工作，如到建筑工地做小工等重体力劳动，要注意人身安全，千万不能疏忽大意。
- 勤工俭学的学生尤其是女学生，要增强自我保护意识，防止社会上的一些不法分子利用在校学生社会经验不足的弱点，虚假提供诱人的工作或骗钱骗色、骗力，不仅给学生的身心健康造成极大的伤害，而且还有可能危及生命。女同学尽量利用双休日时间出去工作。联系做家教工作，最好经可靠人介绍，陌生人介绍的工作应尽量回绝。
- 请高年级勤工俭学效果好的同学介绍经验，大家共同探讨预防与应对勤工俭学安全危机的办法。

三、求职择业

兰州市公安局城关分局破获了一宗诈骗案：一家叫做“武汉广彤贸易有限责任公司兰州分公司”的企业以招工为名，收取服装保证金，卷走前来求职者的现金 2.8 万多元。日前公安机关公布的最新调查结果显示，在此案中被骗的多是刚刚毕业或在校的中职生，共有 150 余名。在中职生就业压力越来越大的今天，一些人利用中职生急于就业的心理骗取他们的钱财，已经成为一个越来越严重的社会问题。

在求职应聘过程中，学生受骗事例屡见不鲜，这使得人们开始关注中职生的就业安全。诈骗分子常常利用学生单纯、善良及某些学生爱贪小便宜的心理进行诈骗，给被骗同学造成了财产损失和心理伤害。同学们要提高警惕，切勿上当受骗。

1. 预防危机的基本原则

（1）不贪图小便宜，提高警惕。在日常生活中，要做到不贪图便宜、不谋取私利；在提倡助人为乐、奉献爱心的同时，要提高警惕性，不能轻信花言巧语；不要把自己的家庭地址等情况随便告诉陌生人，以免上当受骗；不能用不正当的手段谋求职业；发现可疑人员要及时报告；上当受骗后更要及时报案、大胆揭发，使犯罪分子受到应有的法律制裁。

（2）交友要谨慎，避免以感情代替理智。对于熟人或朋友介绍的人，要学会“听其言，查其色，辨其行”，不能言听计从、受其摆布利用。交友最基本的原则有两条：一是择其善者而从之，真正的朋友应该建立在志同道合、高尚的道德情操基础之上，是真诚的感情交流而不是简单的利益关系，要学会了解、理解和谅解；二是严格做到“四戒”，即戒交低级下流之辈；戒交挥金如土之流；戒交吃喝嫖赌之徒；戒交游手好闲之人。

（3）加强自我保护，明辨是非。在外出求职过程中，应掌握一些自我保护知识，妥善保管好自己的财物，尤其是与求职有关的一些学籍证明材料与各种有效证件。在面试时，凡是简单聊两句，草草面试后就说你被录用的招聘企业，往往重视的是你的“财”而不是你的“才”；不要轻信用人单位的口头承诺，任何试用期的要求和考核应该落在白纸黑字的书面上；同时，也要考察一下该单位现在用人的情况，如是人来人往，怨声载道，还是吸取前车之鉴，另寻明主。

（4）同学们要相互帮助。同学之间要相互沟通、相互帮助。有些同学习惯于把个人之间的交往看作是个人隐私，一旦上当受骗后，无法查处。有些交往关系，在自己认为合适的范围内适当透露或公开，这也是安全的需要。

（5）要掌握相关法律知识。学生本人应熟悉国家在就业方面的法律法规，如国家有明确规定，要求用人单位不得以收取押金、保证金、集资等作为录用条件；《劳动部关于实行劳动合同制度若干问题的通知》规定，劳动合同期少于 6 个月的，试用期不得超过 15 天；劳动合同期长于 6 个月但短于 1 年，试用期不超过 30 天；劳动合同期长于 1 年但短于 2 年，试用期不超过 60 天。特别提醒的是在签就业协议时务必谨慎认真，字字句句推敲后，方可签下名字，以免落入“文字游戏”的陷阱，签完就业协议后，还要记得签劳动合同，因为劳动合同更具有法律效力，更能保护我们的合法权益。

（6）预防黑中介。

❶ 虚假广告，“请君入瓮”。

黑中介组织多在报纸招工信息专栏刊登虚假招工广告，诱人上当。如某报上刊登的一则广告：“环宇星际诚聘，男女商务公关（高薪、可兼职）；KTV 男女服务生各 15 名，月薪 1 200～1 800 元+提成；吧员、吧妹、酒水推广若干名，月薪 3 000～5 000 元；歌手、模特、话务员、收银，工资面议……”。

❷ 巧立名目，借以骗财。

黑中介组织抓住应聘者找工作心情急迫而又对该领域工作不熟悉的弱点，在许诺高薪工作后，以收取岗位押金、服装押金等名义骗取钱财。某案中，黑中介组织在承诺为张某提供酒店服务生工作后，以办理健康证、考勤卡、工资卡、饭卡、岗位押金等名义，收取了张某 300 余元的费用。第二天，当“酒店经理”再次以缴纳服装押金为名收取其 2 000 元时，张某意识到自己被骗了，然后拨打了 110 报警。

❸ 假戏真做，精心伪装。

黑中介组织往往披着公司的外壳，数人分担角色，给人一种“正规”“可靠”的印象。有人负责接待应聘者，有人负责收钱，还有联系用人单位的经理，一切都让人难以发现破绽。然而，就在应聘者放心地签署了协议、缴纳了各种名目的费用后，满心欢喜地要求与“用人单位主管”接洽之时，却被索以更高金额的押金，或遇推诿搪塞、纠缠扯皮，根本见不到“主管”的庐山真面目。

❹ 化“敌”为“友”，发展入伙。

黑中介组织作案多为数人结伙，而一些犯罪团伙成员，有的竟然也曾经是“受害者”。那些人被骗上当后，为索回钱财，竟助纣为虐，沦为他人行骗的工具。如某诈骗案中，王某、马某均曾经是此类案件的受害人。马某本人曾被某中介公司骗取钱财，发觉上当后找到公司“经理”李某，李某发现马某原来与其是同乡，便邀其入伙，马某欣然允诺，此后便扮演起某某酒店的大堂经理。

2. 正确应对求职中的安全危机

求职时一定要验明招聘单位的合法性，是否有经营权。非法职介陷阱多，信息落后、陈旧、收费不合理、信誉性差，甚至以骗钱为目的的也屡见不鲜。这是劳动者求职的雷区。当前的企业注册审核制度以书面审核为主，只要企业提供所需材料就可以注册。而行骗者恰恰就是用伪造的公司材料、委托书和假身份证，在工商部门办理注册登记，取得营业执照。他们在一些媒体、大中专院校、人才市场发布招聘启事时，除了有时需提供公司营业执照、单位介绍信和经办人身份证明，基本上不需其他证明。因此，要防止施骗者大行骗术，监管上的漏洞不可忽视。

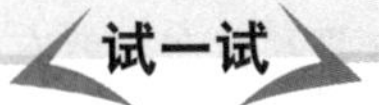

同学们，为了防预求职中受骗，你觉得最重要要做到哪几点？

- 就业指导专家认为，保证学生的就业安全，还需学校和有关负责部门共同努力。为防止虚假招聘信息，学校应当与用人单位所在地的工商部门联系，核实单位情况，确保就业信息的真实；相关部门应强化企业实质审核制度，监管部门也应对新注册的企业进行不定期的抽样回访。
- 一定要签订就业协议，注明协商条款。就业协议的主要内容有：劳动期限；工作内容；劳动报酬；违反劳动合同的责任；劳动纪律；劳动终止等，且为国家最高教育行政机关制定，应具有一定的行政法律效力。另外，以下几个重要内容必须协商好：一是发薪日期，这是监督对方是否拖欠工资的依据；二是工资标准要规定清楚，这是监督对方是否克扣工资的依据；三是工作岗位；四是劳动时间，如果要加班工作须经过本人同意，而且要付加班费；五是社会保险事宜，用人单位必须做到代缴代扣。一些劳动者因为没有签订劳动合同或者在合同上没约定清楚条约，权益受到侵害无法申诉。
- 在劳动合同履行过程中要注意保留证据。在每月发工资时要留好工资条。加班时自己要做一个记录或者几个人一起做个记录，然后共同签字；在外地打工的外地工，几个月才发一次工资，可以要求班组长给写个欠条。发生了工伤后一定要在正规医院挂号建立病例，并且保留药方底单和缴费单据，还有其他可保留的证据。没有证据就无法把官司打赢，或者就不能完全保护自己的合法权益，这些案例，无论在劳动仲裁还是在劳动监察中都不少见。
- 当自己的合法权益受到侵害时，要及时申请劳动仲裁或者向劳动监察机构举报其违法行为，切勿超过时效。根据调查发现，面对骗局，学生向工商、公安和劳动管理部门投诉的只有 15.26%，多达 32.63% 的求职者自认倒霉，将责任归于自己糊涂，认为与其四处申诉还不如继续把精力放在寻找下一个工作机会上，从而不了了之。正是一次次的忍受，使得骗子更加肆意妄行。其实，学生在遭遇就业陷阱后，更应该及时求助于劳动监察部门或劳动仲裁部门及学校的相关部门，利用法律武器维护自身的合法权益，让骗子得到应有的惩处。

知识点 2 交通安全

交通安全是指不发生交通事故或少发生交通事故的主观条件，即指交通参与者要严格遵守交通法规，提高警惕，不因麻痹大意而发生交通事故。中职生交通安全是指中职生在校园内和校园外的道路行走、乘坐交通工具时的人身安全。只要有行人、车辆、道路这三个交通安全要素存在，就有交通安全问题，也许只是一个小小的意外，就会造成严重后果，断送美好的前程，甚至生命。

随着高校改革的不断深入，高校与社会的交流越来越频繁，使校园内人流量、车流量急剧增加。许多高校教师拥有私家轿车已不算稀奇，摩托车更是普遍，学生骑自行车的很多，开汽车上学也已不再是新闻了。校园道路建设、校园交通管理滞后于高校的发展，一般校园道路都比较狭窄，交叉路口没有信号灯管制，也没有专职交通管理人员管理；校园内人员居住集中，上、下课时容易形成人流高峰等原因，致使高校的交通环境日益复杂，交通事故经常发生。

一、日常交通安全

广州大学城树多路宽，看似毫无危险，但实际上危机重重；再加上部分基建项目尚未完工，泥头车在城内不知不觉提高速度，存在着安全的隐患。让我们看看以下几组镜头：

镜头一：上课时间快到了，大批的学生穿过中环路，即使行人红灯亮起也不停下步伐，过往车辆被迫停止，等待人潮通过。

镜头二：每到周末学生返校高峰期，校园内私家车与轮滑一族共用车道，险象环生。

镜头三：中环路上，自行车行走在机动车道上，男孩子搭着女孩子一边骑车一边谈笑风生。

镜头四：泥头车从工地驶出，学生们从旁边经过，丝毫没有留意，而正对着工地出口的垃圾桶却因为某种非人类所为的外力而变形。

1. 日常交通安全的常见情况

（1）步行安全。

- 在城市道路上行走，须走人行道。在无人行横道与机动车辆车道划分的街道或乡镇混合道上行走，应靠右行。
- 穿越有交通信号灯的人行横道，自觉按信号灯的指示行进。没有指示灯的路口走人行横道线，要注意观察过往车辆，特别是右转和左转车辆，不要猛冲或在车流中穿行。

- 在夜间交通信号灯停止使用后，黄灯闪烁，走人行横道一定要左右环顾，注意判断车速。在确认安全的前提下快速通过。
- 在有隔离栏的路段过马路时，要走人行天桥或地下通道，或从有人行横道标志的地方通过，不要翻越隔离栏。
- 走路时应专心，注意观察路面状况，车流量、流向和是否有障碍物。不要在走路时看书、看报、嬉戏、打闹；不要在路上踢球、滑旱冰、滑板和做其他运动。
- 穿越居民区、胡同或从施工的建筑物旁通过时，注意观察住户窗户上是否摆放物品或是否有人在活动，建筑施工场地是否设有安全标志线和安全设施，尽量不要从工地上穿行。
- 刮风、雨雪天气出行时，要注意观察路面和周围环境。特别是路边有高大树木或有供电线路、电缆从空中穿过的区域，路边有变压器、郊区有高压线路的地方，注意是否有潜在的危险。
- 夜间外出尽量选择有路灯的道路行走；在没有路灯的情况下最好带照明用具，注意观察路边有无无盖陷阱、停放的车辆是否启动、是否有非机动车往来。特别是从混合道上通过时，不要匆忙，注意行驶车辆。要知道在没有路灯的情况下，双向行驶的车辆，司机对路面状况、障碍物和穿越路面行人的判断能力是十分有限的。
- 通过火车道口时应听从管理人员的指挥，如在无人管理的路口穿过一定要注意观察，在没有火车经过的时候，快速通过，不要在轨道上或在附近逗留、玩耍。
- 不要在机动车行驶的高架桥上行走，不要横穿高速公路。

（2）**骑车安全**。骑车外出的同学，出行前要先检查一下车辆的铃、闸、锁、牌是否齐全有效，保证没有问题后方可上路。

- 骑自行车或电动车须走非机动车道，不能因车流量少而驶入机动车道，也不可驶入人行道；自觉按交通指示灯或交通警察的指挥行进，在没有交通指示灯的路口，提前观察左右车辆情况，在确认安全的情况下迅速通过。
- 骑自行车或电动车在交叉路口右转时应慢行，特别是没有交通信号灯或无右转信号灯的路口，行经人行横道，主动避让行人。
- 在没有划分机动车道与非机动车道的道路上，骑自行车或电动车靠道路右侧四分之一的道路内行驶；注意前后车的距离和行人，不要在拥挤的市区道路上高速穿行。
- 无论是在市区还是在郊外骑车，不要双手离开车把或双脚离开踏板，不要在路上追逐或搂扶并行；不要在骑车时打手机、戴耳机听音乐；不要载人；在雨雪天或烈日下，不要打伞骑车；湿滑和危险路段、进出大门时，应下车推行。

- 不要贪图便宜买黑车、赃车；平时注意保养，出门时检查车胎、车闸、电瓶。借用他人的自行车或电动车外出时，先检查车辆状况，熟悉该车特点。路途中遇到车闸失灵时下车推行，不影响其他车辆行驶。
- 在横穿 4 条以上机动车道或中途车闸失效时，须下车推行；骑车转弯时要伸手示意，不要强行猛拐。

你知道吗

骑行安全“七不要”

在道路上要在非机动车道内行驶，没有划分车道要靠右边行驶。通过路口时要严守信号，停车不要越过停车线；不要绕过信号行驶；不要骑车逆行；不扶肩并行；不要双手离把骑车；不要攀扶其他车辆；不要在便道上骑车。

（3）**驾车安全**。凡有驾驶执照的人员来到学校后，都应到保卫处综合科办理驾驶执照备案手续，综合科将会向你提出安全要求，制订安全学习时间等。出车前一定要认真检查车辆，确认车辆无故障后方可出车；出车时还要带齐有关证件，行车中要随时注意标志牌，以防走错路线无故造成违章。另外，一定要切记不能酒后驾车。严格按照驾驶证载明的准驾车型驾驶车辆，出门时检查是否带齐驾驶证、行车证、保险单等相关证件，不能无证驾车。同时检查车辆状况，看轮胎、仪表是否正常，倒车镜、后视镜位置是否恰当，底盘是否有漏油等情况。

- 上车后系好安全带，关好车门。骑摩托车者（搭乘者）戴好安全头盔，搭乘者（两轮摩托）在驾驶者身后骑坐，双脚放在踏板上。
- 起步和停车前，左右环顾，注意其他车辆和行人，查明情况确认安全。不在人行道、车行道和妨碍交通的地方停车。不在消防通道和消防栓旁停车。
- 驾车时不要吸烟、手持手机及接拨电话，不和同乘者聊天、打闹，不穿拖鞋或高跟鞋。身体不适或服用催眠、解痉镇痛、抗过敏、抗感冒、驱虫药等药物后不要驾车。更不要酒后驾车。
- 到租车行租用汽车，应选择较正规、信誉较好的租车行，最好请有经验的人陪同，检查车辆状况。借用他人车辆，特别是自己不熟悉的车型，事先要详细了解各系统功能和设置，慢速行驶，熟悉车况和操控系统的使用。
- 驾驶摩托车或新手驾车在最右侧机动车道行驶，保持一定的跟车距离。不要占道行驶和骑线行驶，不要频繁变道。转弯、变道、超车、掉头、靠路边停车时，提前 100 米至 30 米开启转向灯，注意其他车辆，确认安全。

- 遇到交通堵塞或停车排队等候、车行缓慢时，依次跟车，不要强行超车、强行插队或借非机动车道、人行道行驶。
- 通过环形路口，准备进入车道时，让已在路内的车辆先行；出路口时，提前驶入路口最右侧的车道，变道时注意观察周围车辆，确保安全。
- 在公路、城市道路行驶，要注意交通标志，车速保持在限速范围内。特别是在驾车外出旅游，路况不熟悉的情况下，务必谨慎行驶。
- 在高速公路入口和出口的匝道上减速慢行，不要在公路匝道与主路相接处停车休息或等候。如因疏忽或忘记出口，不要在高速公路上和匝道上倒车或逆行，不要疲劳驾车。
- 雨雪天驾车应低速慢行，保持足够的安全距离，尽量使用低速挡，时速不要超过 40 千米。雪地驾车更要慢，轻踩刹车，轻转方向。如遇积水，注意观察积水的深度，确认后安全低速通过。
- 交通事故的发生，大多与司机不遵守交通法规和安全意识淡薄有关。熟悉和掌握交通法规，注意积累经验和虚心请教，遵章守法，礼貌谦让，是确保安全行车的前提。

（4）**乘车安全**。乘坐交通工具时常发生交通事故。中职生离校、返校、外出旅游、社会实践、寻找工作等都要乘坐各种长途或短途的交通工具。中职生因乘坐交通工具发生交通事故的情况时有发生，有时甚至造成群体性伤亡，教训十分惨重。因此乘车时要先下后上，排队上车，不要乱拥乱挤，以免踩伤或为小偷作案提供条件。车停稳后才能上、下车，不能抢车、扒车。乘车时不可将头或手伸出窗外，以免受到伤害。乘长途汽车，一定要忍住瞌睡。在睡眠时，若司机急刹车，巨大的惯性可能给你造成伤害。

- 不要挤在车门口，注意碰撞你的人及周围紧贴你的人。
- 坐在双人座位上，要注意同座位或后面人的第三只手。
- 对一些手持衣服、报纸、杂志等物品的人要多加留意，防范在这些东西遮掩下的盗窃行为。
- 车厢内最好一只手扶横杆，另一只手注意保护好随身携带的提包或背包。
- 备好坐车的零钱，尽量不要在公共场所翻钱包，以免引起扒手的注意，尾随作案。

（5）**校园内部交通状况特点**。

- 路面窄、转弯多，容易出事故。
- 流量不均衡，有的地段流量小，有的地方流量大。
- 流量分布在时间上相对集中，开学以后、放假前夕、上下课时间或有大型集会、文体活动时，是校内交通秩序最为复杂的时期。

- 当与校外交往多时，校内的交通路线并不全为校外的驾驶员所熟悉。
- 安全设施往往被人们忽视，缺乏专职交管人员。

2. 交通安全防范措施

- 切莫错误地认为校内无事，要树立交通安全观念，时时提高警惕。
- 熟悉校内路线和地形，记住易出事故地段。
- 走路留神，见到各种车辆提前避让，防止那些认为“校内可以不讲交通规则”的人意外肇事。
- 骑车、驾车要慢速行驶，复杂地段要缓缓而行，必要时要下车推行。
- 当你骑车或驾驶机动车辆肇事后，千万别存有侥幸心理而逃逸，也不要惊慌失措，保护好现场。无论你有理还是没理，都要克制自己的情绪，不要发生正面冲突。
- 夜晚外出遇人群或骑车者在你的车前突然倒下，别急着下车查看究竟，警惕抢劫和讹诈。
- 路遇剐蹭，下车查看，保持平和心态，双方协商后将车移至路边，不要影响交通。
- 路途中发生车辆故障，将车移至路边，开启警示灯。如在公路上发生故障，车的前后须设警示标志，特别是在高速公路上，必须保证100米以上的安全距离。
- 在泥泞的路上打滑无法前进时，先倒车后前进，或从附近找石块、树枝等铺垫轮胎。
- 车祸发生后，如果出现漏油或起火的情况，应迅速撤离现场，以防爆炸造成伤亡。
- 如果肇事时有人员受伤，除了保护好现场外，应求助他人尽快将伤者送往医院救治或拨打120求救，同时拨打110报警。
- 在高速公路上发生车辆故障无法行驶时，将车移至高速公路边的紧急停车带，并采取安全措施，同时拨打求助电话。

你知道吗

交通事故现场急救

- 迅速检查车祸现场，积极寻找伤员，并对重伤员进行优先救助处理。
- 对呼吸、心搏骤停的伤员，应立即清理其上呼吸道，进行人工呼吸。
- 对昏迷伤员，迅速解开其衣领，采取侧俯卧位，如遇舌头后坠时，可将舌尖牵出，也可将伤员的头部后仰，以保证呼吸道畅通，防止窒息。

- 对创伤出血，可临时采用指压止血法。
- 就地取材及时包扎伤口，对脱出的肠管不要送回腹腔，应用大块敷料覆盖后，扣上盆、碗以保护肠管；对脑膨出时，可用纱布圈围在膨出部周围，或用碗覆盖脑膨出部，包扎固定，以防脑实质干燥或受压。
- 对骨关节伤、肢体挤压伤和大块软组织伤，应采用木棍、树枝、玉米秸、铁锹等固定；对已离断的肢体，应妥善包扎，送往医院，以备再植。
- 对大面积的烧伤，可用较清洁的衣服、雨衣、布单保护伤面，粘在伤面上的衣服可不脱掉。
- 在运送脊柱、脊髓受伤伤员时，尽量避免脊柱弯曲或扭转，应用硬板担架运送，尽量减少搬运次数。
- 受伤后至手术时所间隔的时间与死亡率成正比，危重伤病员每延迟 30 分钟，死亡率则增加 3 倍，因此，运送伤员应力求迅速。

二、出行交通安全

“十一”长假，寒暑假回家、返校、外出旅游，往往是人流外出高峰时期。安全自然成为学校的头等大事，但是日常生活中的乘车安全也不容忽视，安全意识的养成应从身边一点一滴的小事做起。

1. 预防措施

（1）购票安全。**乘车购票，须到运输部门指定的客运售票处购买，问明乘车地点按时进站乘车**。不要向路边拉客或兜售车票者购买，特别是节假日的高峰期，以防票贩子欺诈和骗子的坑害。若是中途搭车须向售票员或司机索要车票。

乘飞机或火车，购票后应注意查看航次（车次）、班机号、日期是否正确，出发时必须提前进站办理相关手续，带好身份证件。特别是乘飞机出行，至少提前一个小时办理行李托运和换登机牌，身边只留小件物品，认清候机室（候车厅）按次序等候乘机（上车）。

（2）乘坐出租车。在规定的出租车停靠点候车，不设有出租车专用停靠站的城市或地方，选择道路宽阔、视线好的地方候车。不要乘坐无经营许可证、在路边拉客的“黑车”。若坐在前排则要系好安全带，上车后关好车门，下车时按计价器所显示的金额付费，应索要发票，以备物品遗忘时方便寻找。上、下车开门时，注意后面的行人和非机动车辆，以免发生不测。

（3）乘坐公共汽车、电车。乘坐公共汽车、电车须在站台或指定地点依次候车，待车停稳后，排队上下车，不可在站台下和越过安全线候车，上车后抓牢扶手或椅背，避免因汽车启动或刹车时的惯性引发伤害。下车后，不可从车前穿过，等车开走后，看清左右的情况后再穿越马路。

（4）乘坐地铁。乘坐地铁时首先要在地铁站口或售票处查看地铁线路图，弄清楚地铁行进的方向，认清自己所在的位置和准备到达的地点。进入站台后，在安全线外候车，不要擅自跳下站台，进入轨道、隧道和其他有警示标志的区域，更不能在非紧急状态下动用紧急或安全装置。车门正在关闭时，不要强行上车，注意随身物品，不要接近正在关闭的车门以防关门受阻而发生意外。上车后抓牢扶手，不要挤靠车门，下车出站认清出口。

（5）乘坐长途汽车。上车后将行李物品安置好，以防途中散落伤人。中途停车休息和用餐时关好车窗，记明车牌号，按时上车。如在中途搭车注意车辆停稳再上、下车，不要乘坐超载、超员车辆，也不要乘坐人、货同载的汽车。

（6）乘坐火车。进入火车车厢后，找到自己的位置安置好行李物品，不要在车厢内穿行、打闹和长时间滞留在车厢连接处。中途站点停车，下车购物或休息时注意关闭车窗，准时上车。了解列车运行时间，注意进站播报，提前准备好自己的行李物品，车停稳后有序下车，不要从车窗跳车。

（7）乘坐飞机。登机后找到自己的座位，将随身物品放在头顶上方的行李柜中。有的物品也可以放在座位下面，但注意不要把物品堆放在安全门前或出入通道上。认真听取乘务人员的讲解和安全操作示范，认清安全出口位置，记住应急设备的使用方法。系好安全带，听从乘务人员的安排，不在机舱内穿梭，不吸烟，不乱动救生设备；全程关闭手机、手提电脑等电子设备，以免干扰飞机电子导航系统而发生事故。

（8）乘船。乘船旅行应选择具有营运资格的船务公司的客船、客渡船。不乘坐无牌无证船舶、超载船或人货混装的船舶，不乘坐冒险航行及缺乏救护设施的船舶。上、下船服从工作人员指挥，不争不挤，稳步上、下船。上船后注意观察救生设备的位置和紧急逃生路径，不在船头甲板上打闹，夜间航行不用电筒往外照射，以免引起误会或使驾驶员产生错觉而发生危险。如遇大风、大浪、浓雾等恶劣气候时，尽量避免乘船。

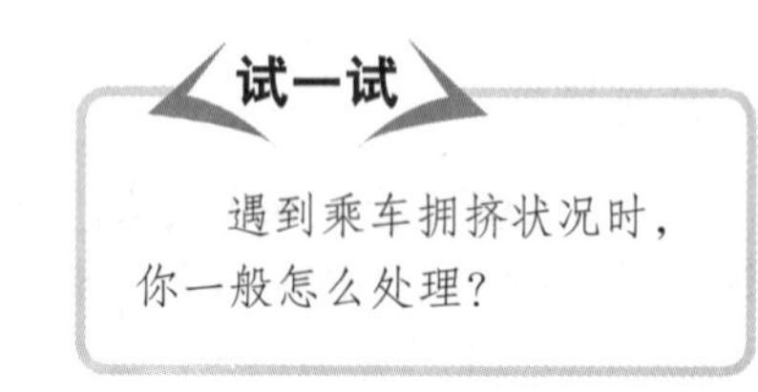

（9）其他。乘坐公共交通工具应遵守国家和地方的相关法规和条例，不要携带易燃、易爆、有毒、放射性等危险物品和管制刀具，也不要携带有腐蚀性、有异味的物品及家养宠物；乘车时，头、手不要伸出窗外，不要在车内吸烟、吃零食，以免在会车、避让或颠簸时发生意外。也不要往车外吐痰、扔杂物。外出乘车注意观察周围乘客群体，切忌露财。旅途中龙蛇混杂，不要轻信他人或跟随他人中途下车。不要喝陌生人给的饮料或吃其他食物，也不要参与乘客中带赌博性质的游戏，更不要因贪财而购外币、买古董或宝物，谨防受骗。

2. 应对措施

- 在行车途中意识到车祸即将发生时，双臂夹胸，手抱头部并躺下，或抓紧车内拉手或座位铁脚，并双脚用力蹬，以免车祸发生时人翻滚或摔出车外。除非车辆即将冲出悬崖，否则不要从急驶的车辆中跳出，车辆停止移动后，保持镇定，查明身边情况后从门窗爬出。
- 如果汽车落入水中，它不会立即沉没，但水的压力会使车门很难打开，此时不要惊慌，看好逃生路径，深呼吸憋足气猛力推开车门或击碎车窗玻璃，设法在车辆沉没前逃离。
- 路途中发生车辆起火，不要惊慌叫嚷和乱窜，以免有毒气体进入体内和相互踩踏。用衣服蒙住口鼻，打开车窗跳出逃生。如身上起火又无水源的情况下用衣服拍打或就地打滚，以隔离空气迅速灭火。
- 地铁中发生火灾时，不要乱跑，在浓烟中视物不清易发生相互踩踏，注意观察火源，从相反的方向寻找最近的出口逃离，用衣服、毛巾等捂住口鼻，低头弯腰前行，尽量减少有毒气体进入体内而造成窒息、昏厥的危险。
- 船航行中发生意外事故，不要慌张，按船员的要求穿好救生衣，也不要乱跑，以免影响客船的平衡。听从船员指挥依次离船，如紧急情况下须弃船逃离时，系紧救生衣，迎风逃离，双臂交叉于胸前，按住救生衣，身体垂直入水。
- 飞机飞行途中遇故障或紧急迫降时，应遵循乘务员的指挥，系紧安全带，双手抱头，下颌贴紧胸部，或与邻座相互依靠抓紧，以防撞击。飞机停稳时，按乘务员的要求从紧急通道迅速逃离。
- 在乘坐任何一种交通工具发生事故时，应保持头脑冷静，对事态发展做出正确的判断是提高生存概率的前提，日常生活中不断积累安全防范方法，培养对危机的应对意识，可帮助你在危难时刻安全逃生。
- 当事故发生后，已逃离危险区域，尽快拨打求救电话 110、120、或你所熟知的一切电话（海上救援电话 12395），将事故信息发出，让救援人员知晓有事故发生，尽快得到救助。在没有电话或无信号的区域，通过呼救、点燃火堆、用衣物或其他东西标记，引起过往车辆、船只、行人的注意，通过他人传递救援信号。

你知道吗

常见旅途盗窃手段

◆ 偷梁换柱

犯罪分子往往利用这种手段，事先物色好目标，在乘客的行李旁边，放置一个相似的行李，然后寻找机会或制造机会进行调包。

◆ 浑水摸鱼

车（船）到站（码头），上、下的车（船）旅客较多且拥挤时，车（船）上发生纠纷吵闹时，乘客与送行者话别时，这些都是犯罪分子作案的好时机。更值得注意的是，有时犯罪分子会有意制造混乱，然后伺机行窃。

◆ 抛砖引玉

拉关系、套近乎、设诱饵，投其所好，骗取信任，以假象麻痹他人，然后伺机盗走财物。乘客孙某，在车上“认识”了一位热情大方的“老乡”，双方谈得十分投机。孙某进晚餐时，“老乡”拿出烧鸡与白酒与孙某开怀畅饮，孙某不胜酒力，酒后酣然入睡。次日早晨孙某醒来时，列车已驶过两站，自己的钱和票证已无踪影，“老乡”也早已溜之大吉。

◆ 瞒天过海

做笼子、设圈套、花言巧语，以售其奸，千方百计，骗取钱财，这是近年来犯罪分子惯用的手段之一。据报载，从洛阳开往汉口的某次列车上，走道里挤满了人。当时已是夜里 11 点，乘客们大都昏昏欲睡，4 名身着铁路制服的“列车员”开始查票，乘客们自觉地接受检查。当查到 9 号车厢时，一位西装革履的小伙子自称钱包被偷。4 名查票的“列车员”一边批评小伙子想混票，一边检查其座位下的纸箱子，发现里面装的是一条条未开封的“红塔山”香烟。4 名查票的“列车员”强制将香烟以每条 30 元低价（市场上每条 70 余元）全部卖给乘客，说是以烟钱作补票钱。接着拉着小伙子补票去了。事后几位买香烟的旅客拆开烟盒一看，原来全是“水货”。几位上当的旅客再去找那几位查票者，那伙人早已换穿便服不知去向。

知识点 3 旅行安全

中职生时常在顶岗实时阶段，结伴出去游玩。当他们旅行到了一个陌生的环境，首先是找一个安身的地方，露营也要寻求安全的营地。然而现实生活中外出投宿总是会遇到各种各样的问题，这时安全则最为重要。

一、住宿和防扒

某职业学校毕业班学生外出实习，傍晚汽车行至某县城边界的汽车旅馆投宿。晚饭后 4 名女生在房间内聊天，几名男青年闯入女生房间，对其进行语言挑逗，4 名女生战战兢兢不敢出声。恰逢两名男生从门口走过，便将情况告知旅店负责人和带队教师，旅店工作人员立即通知附近派出所，派出所立即派出干警和联防人员封锁了出口，并让 4 名女生到各房间和过道中认人，结果 4 名女生都说人不在了。事后带队教师又单独询问了解情况，女生才告诉老师，她们已在过道中认出了那几名流氓，但害怕他们过后报复而不敢说。

1. 在住宿中怎样防盗

- 钱分两处放。随时需要用的小额现金放在取用方便的外衣兜里，大额现金放在贴身的隐秘之处。
- 住宿中不要与新结识的同宿人谈起与钱有关的事情。
- 睡觉时要把装钱的包放在妥善之处，如放在身下、枕于脑后等。
- 夏天住宿时，不要睡在离窗很近的地方。女生睡觉时着装不要太暴露。因为夏天的窗往往开着，当自己睡熟后，窗外的人很容易顺手牵羊把包偷走；另一面，女生衣着暴露，容易引发性侵犯。

2. 旅行住宿的注意事项

（1）准备旅行计划和了解旅馆情况。外出旅行要有计划性，出发前要对目的地情况有所了解。最简单的方法是开口询问，如果周围的人不清楚情况，可上网查询。从相关网站上了解当地的宾馆、饭店分布情况和价格，也可从网页中查找一些宾馆、饭店、招待所的电话，通过电话了解价格和房间情况，也可通过电话预订房间。

（2）量力而行选择合适的旅馆。投宿住店要根据自己的经济承受能力和出行目的，选择适当的住所。如星级宾馆、酒店；青年旅馆、汽车旅馆；机关事业单位、行业部门、学校办的招待所、培训中心；个体旅馆、客栈；度假山庄、农家院等。

如果你事先没有预订房间，下车准备找地方住宿时，可向司机、同车乘客询问，也可去客运站询问处、旅行社服务点、宾馆酒店询问处等打听当地的住宿情况。注意警惕客运站周围的拉客者，不要轻易跟他（她）走，更不要将自己的行李交给他们，以防受骗或将你带到交通不便、住宿条件、治安环境恶劣的地方。总之，住店需要多问、多看、多选择。

你知道吗

怎样选择旅馆

房间选用的标准可根据使用目的和人数及经济状况确定：一般房间可分为套间、单人间、标准间（双人间）、三人间及多人间；一般三星级以上的宾馆、酒店和一些条件好、管理规范的招待所，住房设施、安全管理、卫生条件、服务水平都较高，收费也较贵。当然也有一些单位的招待所、旅馆和客栈由于设施条件或地理位置不是很好，但安全、卫生、经济实惠，较适合于普通人群和学生外出旅行投宿。在一些条件较差的招待所和旅馆往往只设有公用卫生间和洗浴室。

（3）注意旅馆的管理水平和地理交通。出门旅行住店要考虑交通方便，但尽量不要选择汽车客运站、火车站及劳动力市场、大型商品批发市场附近的旅馆，这些地方要么价格偏高，要么客源复杂、安全隐患多。特别是在大中城市，可选择离车站稍远一些，经常接待旅行团队、会务的宾馆或酒店，或是机关事业单位、大中专院校的招待所、培训中心等。不要到一些城郊接合部的小旅社投宿，这些地方流动人口多，治安条件差，甚至会藏匿流窜作案、吸毒、卖淫嫖娼人员。

住宿首先考虑的是安全问题。进入旅馆注意观察其管理水平，管理规范的旅馆，服务员不可能坐在椅子上接待你，也不会在空闲时三五成群地打牌、聊天或做其他无关的事。从大堂、通道、楼梯、墙面及门口的卫生状况都可看出来，你是否在夜间能安心睡觉。此外还要留意周边的治安环境。

（4）退房时的注意事项。离开时要办理退房手续，一般宾馆酒店都有明确的规定，超过中午 12 点后按房价的一半收费，超过下午 6 点则按全价收费。离开前注意清点自己的行李和随身物品。

你知道吗

入住旅馆小贴示

◆入住登记前要询问价格，不同地方的旅馆因季节、客流量的变化价格也随之涨落。同时，可提出先查看房间条件和卫生状况与价格是否相符，门、窗、水、电路是否安全，再确定是否入住。入住时要出示身份证、护照或学生证等能证明自己身份的有效证件，填好住房登记表，告知服务员入住的期限，贵重物品交服务台寄存，收好押金单据、寄存单、住房卡、钥匙等。

◆入住时注意观察安全通道和紧急出口的位置，查看房间内的物品与物品登记簿内容是否相符，床单、被套是否洁净，空调机、电视机、电源开关、水龙头、马桶是否完好，如有缺少、损坏应通知总台更换。如果门窗损坏无法正常关闭，链锁、插销损坏或存在安全隐患，应更换房间。

◆晚上睡觉时应锁好房门，插上链锁或插销。夏天如果使用蚊香或电热蚊香要放在桌面上，不要躺在床上抽烟，以防失火。为防止由于消毒不严和床单被套不洁净而被传染皮肤病、性病等，在外住宿最好不要泡浴盆，不要裸睡。晚上有人敲门，不要轻易开门，如果自称是服务员或是警务人员，最好先打电话到总台核实，并要求出示警官证。

◆如果住的是多人大房间，注意观察同室人员的言行举止。在陌生人面前不要谈自己家庭住址及相关人员情况，不要露财，也不要轻易相信他人，不要将家庭电话号码留给别人。不要随意和他人外出，不要接受他人递给的食物、饮料和香烟，也不要接受他人的宴请。特别是睡觉时，钱物要随身携带。

◆入住后，最好将宾馆名称及电话告知家人和朋友。外出时带好钥匙、房卡，贵重物品寄存总台。如果到一个陌生的地方，应将宾馆的联系名片带在身上，迷路或走错方位时，可根据名片上的地址、电话寻找和查问。

3. 正确应对住宿时的安全危机

- 在宾馆酒店的电梯里突遇停电或电梯故障时，最好的自救方式就是保持镇定，不要试图将门推开或者从顶部的紧急出口逃出，其实那么做更危险。也要劝说同时被困人员耐心等待。电梯的安全防坠装置是比较可靠的，停电或故障时管理人员能及时发现和请求专业人员开展救援。
- 住宿宾馆饭店发生火灾时，不要急忙开门外跑，先摸一摸门或门锁把手是否热，如果把手很热证明通道火势严重，无法出走。将毛巾、床单浸水后将门缝密封，防止火、烟和有毒气体进入房间发生窒息。并试着拨通电话通知总台或 119 求救，如果电话已被大火切断，不要惊慌，打开卫生间的通风道，利用房间内的物品（最好是床垫、枕套等白色物品）挂在窗口外，以示房内有人被困，让消防人员发现求救信号而及时获救。如房门把手不热证明为火势不严重，为了防止在逃生时被烫伤和毒烟的侵袭，将被子浸水披在身上，用湿毛巾捂住口鼻，打开房门后弯腰俯身迅速冲进安全门内并关好门，从紧急通道逃到底层。
- 如意外误投“黑店”被宰时，为了自身的安全不要和店家发生正面冲突，和颜悦色地与之交谈，用你的智慧与之周旋。让其开具发票、收据并盖章，注意图章与店名是否一致，收集相关证据，以便向旅游管理部门、工商行政管理部门投诉时使用。
- 当你外出旅行投宿条件简陋的旅店，夜间遇到入室行窃时，为了自身的安全，不要惊慌大叫和急忙逃跑。一般情况下，入室行窃者身上往往会带有凶器。当你高声呼救或急于出逃时，歹徒出于自身安全的本能反应会不做任何思考突然发难而导致危险。此时按歹徒的要求去做，不要与之纠缠和争辩，如在劫财的同时另有企图，甚至威胁生命的时候，乘其不备，突然袭击，攻击歹徒的要害部位，乘机逃生求救。

- 当你在旅店投宿，夜间遭到“骚扰”时，不要好奇，也不要理睬，如果他们（她们）纠缠不清或遇到“色骗”陷阱时应及时报警。

二、景区旅游

某职业学校毕业班学生，毕业前聚会，周末到郊外公园休闲游乐。几名同学提出比赛卡丁车，在 2 名学生比赛过程中，部分学生进入到隔离栏内加油助威。在到达终点时，2 名学生驾驶失控，4 名助威者当场被撞倒在地，其中 1 名学生手臂骨折。

1. 野外活动预防措施

（1）登山时应如何注意安全。

- 要合理携带行装用具，最好带上拐杖、绳子和手电筒。不要穿塑料底鞋或高跟鞋登山。
- 登山要根据各人的体质，量力而行，结伴而行。天黑以前，一定要到达预定目的地，以免夜间露宿，造成诸多不便。
- 雨天、雾天时不要冒失走险路，以免因浮土、活动石头、路滑、视线不清而失足滑跌。雷雨时要防雷击，不要攀登高峰，不要手扶铁索，不要在树下避雨。
- 登山时可少穿一点衣服，如停下来，特别是汗流浃背时要换上暖和的衣服，防止受凉感冒。
- 要注意山林防火。入山时不要带火种，不吸烟、不野炊、不打猎，烧蜂、驱兽时应严格遵守山林防火规定。
- 要防毒虫（蛇）咬及野兽袭击。在树木中穿行，要注意穿好鞋袜，扎好裤脚，上衣的领口、袖口、衣边要适当扎紧，防止毒虫类的侵害。
- 在深山、树木中行走要注意防止迷路，特别是在阴雨或大雾天气。因此，事先最好找个向导同行，不要单独行动。

（2）游泳时的注意事项。

- 游泳前要了解自己身体的健康状况，能否参加游泳运动要听取医生的意见。
- 要选择好游泳地点，了解浴场情况。不要贸然“扎猛子”、潜泳，不要打闹，以免喝水和溺水。
- 下水前要先活动身体。如水温低，应先在浅水处，用水淋洗身子，适应水温后再下水游泳。
- 正确估计自己的水性，不要逞能。不要在急流、旋涡处游泳，禁止酒后游泳。
- 下水前应将假牙取下，以防呛水时假牙落入食管和气管。
- 游泳过程中，如突然觉得眩晕、恶心、心慌、气短或四肢抽筋，要立即上岸或呼救。
- 当小腿或脚抽筋时，不要惊慌，可用力蹬腿或跳跃，或自己用力按摩，拉扯抽筋部位。

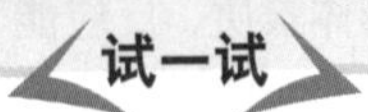

人们常说淹死的是会游泳的，这句话包含什么道理？

2. 景区安全防范措施

中职生外出旅游不仅是为了消遣放松、恢复身体和疲惫的身心，有时他们也会寻求刺激的运动方式来释放自己，为了信念和勇气去挑战身体的极限。所以，各种惊险的游乐项目和景点也在不断地开发。如蹦极、跳伞、滑翔、潜水、漂流、冲浪、攀岩、登山、徒步穿越热带丛林、沙漠、雪域、峡谷、洞穴探险、汽车越野、航海等。各类专业俱乐部伴随人们的需求应运而生，它为喜欢冒险的人提供专业培训指导，提供各类专用器材和服务，或组织相关活动。然而，这些活动并非适合于每一个同学，有些需要昂贵的器材，有些要求非常强壮的身体素质和敏捷的身手、敏锐的头脑，更需要接受非常专业的培训。中职生不仅要学习各种器材的使用和技巧，还要学习天文、地理、气象、水文、地质、生物学、救护、野外生存等各方面的知识。体能教练要针对每个人的情况，制订体能训练计划，进行专门训练。这里只能对常见的一些户外活动做常识性介绍，使大家在尝试各类旅游项目或户外运动时，多思考以预见未来的困难。

（1）注意着装。外出旅游时着装要轻便，不要穿戴饰物过多和结构复杂的衣服，不要穿高跟鞋或硬底皮鞋。年轻人到游乐场是旅游的一大乐趣，特别是女性，为了避免在一些游乐项目中出现不便和尴尬，最好不要穿裙子。为了游玩方便，可带一个随身小包。

（2）遵守管理安全条例。在市区内的一些群众性公园内通常设有游乐场，游乐场一般都有严格的安全措施（除非在没有合法经营的场所）。参加某一项活动时，首先要阅读注意事项，遵守安全条例。如在乘坐过山车、海盗船、跳楼机等高速刺激的项目时，将身上的物品诸如钱物、手机、钢笔、证件及所佩戴的眼镜等放入包内，交给同伴保管或寄存。听从指挥，不要在设备还在运转时靠近，不要在运动时解开安全带和掀起安全栅栏。身体不适或患有高血压、心脏病、贫血、眩晕、恐高等症状的患者不要参加这类游戏。

到动物园参观，要站在规定的安全线外，不要故意激怒和戏弄动物，也不要用随身带的食品随意饲喂动物；观看鳄鱼、蛇类表演，不要因好奇想看个究竟而靠得太近，保持足够的安全距离。到郊外的野生动物园参观，要听从导游和管理人员的安排，不要自行下车或将车窗开启，以防凶猛动物突然攻击带来的伤害。

（3）注意相关游乐项目的安全。郊外的休闲公园、森林公园因各地的地形地貌和游客情况不同，会设有溜索、钢索桥、蹦极、攀岩、卡丁车、骑马等游乐项目，这些游乐项目对人的身体素质、反应能力、身体协调性有一定的要求。在寻求新奇感和刺激的时候，要针对自己的身体情况，量力而行。同时注意查看设施是否完善以及设施的使用、保养、磨损情况。

（4）注意环境保护。到各景区旅游要从环境与景观可持续发展的角度出发，注意对环境的保护。在林区不要抽烟和生火，装放食品的塑料袋、矿泉水瓶、易拉罐等难以分解的垃圾物不要随地乱扔；特别到自然保护区内，不能将植物种子带入或采集物种带出，更不能人为地破坏植被和猎杀动物。

3. 正确处理景区游玩时的危机

- 当你乘坐过山车、海盗船等发生机械故障时，不要试图解开安全带自行爬出，以防车船突然启动将你摔出或踩空滑落发生伤亡。要保持镇定，等待工作人员处理事故和营救。当你准备乘坐时，身上的物品掉落也不要急忙去捡回，防止车船启动将你撞伤。当你乘坐过山车、海盗船等游戏机出现身体不适，如眩晕、心慌、呕吐等症状时，示意工作人员停机，寻求救助。
- 攀岩时踩落石块或攀断树枝，要高声大叫，提醒别人，以防发生伤亡。抛绳前，左右环顾，观察下面是否有人，即使无人也要提醒周围和下面人员注意。当你在攀岩时发现绳索磨损严重或锁扣脱落，不要强行攀爬和急忙下降，要待在原地，抓稳抓牢，向保护者和旁边的攀岩者呼救，听从保护者的意见，配合营救人员迅速脱离险情。
- 在漂流途中因颠簸掉入水中时不要试图立即抓住漂流筏，以防激流中撞上岩石或导致漂流筏倾覆，更多的人发生危险。保持镇静，避开水中的岩石和激流、旋涡，往岸边或水流缓慢的地方游，在水流缓慢的地方抓住树枝和岩石爬出，等待救援。在自救的同时，向岸上安全保护人员求救。在野外林中迷失时，如带有手机，及时拨打电话求救；因集体行动，当你发现与队伍走散时其他人也不会走得太远，要高声呼叫可引起同伴的注意。如走得太远无法联系，电话也无信号时，选择较开阔的地方生火，发出求救信号，但应注意不要引起山林起火。
- 当你在山林中与队伍走散，迷失方向时不要在林中乱窜，冷静回忆出发线路。如身上带有地图的话，查阅地图明确自己的方位，往一个方向走或沿河流走。走到大路或村庄，再向他人打听和寻求帮助。

- 在野外被蚊虫叮咬时，不要抓痒，用肥皂清洗干净后再搽点清凉油或风油精等。如在水中被蚂蟥叮咬，不要用手去拉，以防吸盘留在伤口内引起感染，可采取拍打的方式使其掉落，用盐水清洗伤口或用酒精消毒。
- 在山中惊扰胡蜂、大黄蜂时不能猛跑或拍打，以免遭到蜂群攻击发生危险。立即蹲下或就地滚开，以衣服保护头部，不要使周围树叶发生振动。如被蜂蜇，用食醋洗敷被蜇处，用指甲或夹子将蜂刺拔除，服用一些抗组胺药物，也可用紫花地丁、半边莲、七叶一枝花、蒲公英捣碎涂搽等。
- 在野外被毒蛇咬伤，一定要注意是什么蛇，如果不知道，要记住蛇的花纹、颜色及大小。找到伤口后，将伤口近心端关节上部部位用绳子或鞋带之类的东西扎紧，每半小时放松一次。用刀将伤口划开，挤出毒血并用清水清洗。口腔有破口时不要用嘴吸，以防发生中毒。也可用有弹性的塑料瓶（如矿泉水瓶）挤出空气来吸或是用纸点燃塞入玻璃瓶迅速将瓶口罩在伤口上，利用低气压将毒血吸出（拔火罐原理）。

1. 中职生在顶岗实习期间应如何提高防范意识？
2. 在求职过程中，签订就业协议的主要内容有哪些？
3. 简述乘车时的安全防范包括哪几点内容。
4. 请试述如何应对校外住宿中的安全危机。
5. 在景区的旅游活动中，应该注意哪几方面的事宜？

第四章 互联网安全防范

教学目标

随着互联网的发展，大多数人已经离不开这样一种快捷、便利的工具，但中职生缺乏成熟的价值判断标准，容易在并不十分规范的互联网世界中迷失自我，甚至走上不归路。通过本章的学习，学生可以了解上网的基本守则、计算机病毒和网络不良信息的预防和控制，辨析网络犯罪的不法手段，自觉维持网络秩序，保护自身安全。

教学要求

认知：信息社会离不开互联网，但纷繁复杂的信息质量参差不齐，中职生需要拥有一双慧眼。

情感：互联网可以深入生活，但不能是生活的全部，学生必须意识到其潜在的危害。

运用：中职生应在学校和家长的指导下健康上网，以防成瘾。

在深圳某公司实习的中职学生杨某，喜欢上网聊天，结识了一个网名叫“左佳琪”的女孩子。左佳琪告诉杨某，她是陕西某艺术学校的学生。虽说是在虚拟的空间，可两人很快有一见如故的感觉，并约好在陕西见面。初次见面，杨某就被左佳琪漂亮的外表所倾倒。没多久，两人再次相约到宾馆开房间。正当杨某匆匆赶往宾馆时，遭遇三名青年的暴打，鼻梁骨被打断，身上的钱和手机也被抢走。原来，“左佳琪”与其帮凶是专门布设网恋陷阱来实施抢劫的。

知识点 1 规范上网行为共建“网络家园”

近年来，我国青少年网民数量发展十分迅速。截至 2002 年 1 月，我国 24 岁以下网民人数已达 1 735 万，网络已成为青少年学习知识、交流思想、休闲娱乐的重要平台。对于中职生来说，网络在他们学习生活中所扮演的角色越来越重要。网络犹如一把双刃剑，增强了中职生与外界的沟通和交流，但其中一些不良内容也极易对他们造成伤害。突出表现在：许多中职生上网浏览色情、暴力等不健康的内容，沉迷于内容低级、庸俗的网上聊天等。网络具有“无时差，零距离”的特点使得不良内容以前所未有的速度在全球扩散，网络不良内容甚至还会造成中职生生理上的伤害。“网络上瘾症”是近些年出现的医学名词，患者过度依赖网络，甚至如同酗酒、吸烟一样，在下网后会出现精神萎靡、身体不适等症状。如何保证中职生既有效利用高科技信息工具，又能避免其负面影响，这是中职生计算机网络安全教育的主要问题。

一、健康上网

某网站2008年6月7日消息：一名中职生创建黄色网站，想在互联网上“淘金”，谁料想一分钱未赚反而落入法网。某法院判处利用互联网传播淫秽物品牟利的犯罪嫌疑人刘某有期徒刑3年，缓刑4年，并处罚金2 000元。这是该院审结的首例利用互联网传播淫秽物品牟利的新类型案件。

计算机系统的出现，是人类历史上相当重要的一次信息革命，它从1946年诞生至今，经历了科学计算、过程控制、数据加工、信息处理等应用发展过程，功能逐步完善，现已进入普及应用的阶段。网络技术的应用，使得在空间、时间上原先分散、独立的信息，形成庞大的信息资源系统。网络资源的共享，无可估量地提高了信息系统中信息的有效使用价值。在我国法律管辖的范围内，所有利用计算机信息系统及互联网从事活动的组织和个人，都不得进行相关的违法犯罪活动，否则，必将受到法律制裁。

1. 关于计算机方面中职生必须遵守的法律规定

- 遵守《中华人民共和国计算机信息系统安全保护条例（2011修订）》，禁止侵犯计算机软件著作权。
- 任何组织或者个人，不得利用计算机信息系统从事危害国家利益、集体利益和公民合法利益的活动，不得危害计算机信息系统的安全。
- 计算机信息网络直接进行国际联网，必须使用邮电部国家公用电信网提供的国际出入口信道。任何单位和个人不得自行建立或者使用其他信道进行国际联网。
- 从事国际联网业务的单位和个人，应当遵守国家有关法律、行政法规，严格执行安全保密制度，不得利用国际联网从事危害国家安全、泄露国家秘密等违法犯罪活动，不得制作、查阅、复制和传播妨碍社会治安的信息和淫秽色情等信息。
- 任何组织或个人，不得利用国际联网从事危害国家安全、泄露国家秘密等犯罪违法活动；不得利用计算机国际联网查阅、复制、制造和传播危害国家安全、妨碍社会治安和淫秽色情等信息。发现上述违法犯罪行为和有害信息，应及时向有关主管机关报告。
- 任何组织或个人，不得利用计算机国际联网从事危害他人信息系统和网络安全、侵犯他人合法权益的活动。
- 国际联网用户应当服从接入单位的管理，遵守用户守则；不得擅自进入未经许可的计算机系统，篡改他人信息；不得在网络上散发恶意信息，冒用他人名义发出信息，侵犯他人隐私；不得制造、传播计算机病毒及从事其他侵犯网络和他人合法权益的活动。

☂ 任何单位和个人，发现计算机信息系统泄密后，应及时采取补救措施，并按有关规定及时向上级报告。

你知道吗

《计算机信息网络国际联网安全保护管理办法（2011修订）》第四条、第五条、第六条、第七条的规定如下：

第四条　任何单位和个人不得利用国际联网危害国家安全、泄露国家秘密，不得侵犯国家的、社会的、集体的利益和公民的合法权益，不得从事违法犯罪活动。

第五条　任何单位和个人不得利用国际联网制作、复制、查阅和传播下列信息：

（一）煽动抗拒、破坏宪法和法律、行政法规实施的；

（二）煽动颠覆国家政权，推翻社会主义制度的；

（三）煽动分裂国家、破坏国家统一的；

（四）煽动民族仇恨、民族歧视，破坏民族团结的；

（五）捏造或者歪曲事实，散布谣言，扰乱社会秩序的；

（六）宣扬封建迷信、淫秽、色情、赌博、暴力、凶杀、恐怖，教唆犯罪的；

（七）公然侮辱他人或者捏造事实诽谤他人的；

（八）损害国家机关信誉的；

（九）其他违反宪法和法律、行政法规的。

第六条　任何单位和个人不得从事下列危害计算机信息网络安全的活动：

（一）未经允许，进入计算机信息网络或者使用计算机信息网络资源的；

（二）未经允许，对计算机信息网络功能进行删除、修改或者增加的；

（三）未经允许，对计算机信息网络中存储、处理或者传输的数据和应用程序进行删除、修改或者增加的；

（四）故意制作、传播计算机病毒等破坏性程序的；

（五）其他危害计算机信息网络安全的。

第七条　用户的通信自由和通信秘密受法律保护。任何单位和个人不得违反法律规定，利用国际联网侵犯用户的通信自由和通信秘密。

2. 中职生上网的心态

新时期是信息数字化时代，网上求职、网上传播各种信息、网上购物……人们利用网络进行人际交往，创造了一个全新的生活方式。这就是充分利用网络人际交往的优势。如何提高中职生上网的自身素质和能力，这要看他们有没有爱好和追求。如果上网只沉迷于游戏，那就失去了它的价值和作用。如果上网是与网友探讨人生、事业、爱情、婚姻、家庭等的一些看法和观点，何尝不是一种进步？能与网友并驾齐驱遨游网络时空，这种精神的快乐是无价的，收获不言而喻。进论坛发帖回帖既可以提高自己的写作能力，还可以认识一些网友，何乐而不为？网上阅读可以增长自己的见识等，这些都是提高自身素质和能力的最好注解。

学生培养良好的上网心理素质应该从以下几方面入手：

- 树立正确的人生观，始终保持开阔的心胸，提高对心理冲突和挫折的忍受能力，热爱生活、热爱学习，抵制网上不良信息的诱惑。
- 充分认识自己，正确评价自己，有自知之明，不自卑也不自负。坚持用平和心态面对网络多重价值。
- 在现实生活中积极交友，宽容待人，善于与他人交流思想、感情，相互帮助，相互学习，不以网络作为生活的全部。
- 积极培养自己的各种兴趣爱好，如琴棋书画，参加有益的娱乐活动，积极参加各种体育活动。
- 多读优秀的文学、艺术作品，如《钢铁是怎样炼成的》《红岩》等，陶冶情操，树立远大的理想。同时积极看待网上优秀的价值观和人生观以此来充实自己。
- 学会思考，爱动脑筋，学会全面分析复杂问题，要以理智作为思想后盾，不沉溺网络当中。
- 家长和学校应积极引导中职生上网的读取方向，为其树立积极的网上人生态度。

二、计算机病毒

1. 认识计算机病毒

病毒是生物学领域的术语，是指能够自我繁衍并传染的使人或动物致病的一种微生物。人们借用它来形容计算机信息系统中能够自我复制并破坏计算机信息系统的恶性软件。

在我国，故意制作、传播计算机病毒等破坏性程序是违法犯罪行为，要受法律制裁。计算机病毒具有自我复制和传播的特点，因此，要彻底解决网络安全问题，必须研究病毒的传播途径，严防病毒的传播。分析计算机病毒的传播机制可知，只要是能够进行数据交换的介质都可能成为计算机病毒传播途径。**就当前的病毒特点分析，传播途径有两种，一种是通过网络传播，另一种是通过硬件设备传播**。

网络传播又分为因特网传播和局域网传播两种。网络信息时代，因特网和局域网已经融入了人们的生活、工作和学习中，成了社会活动中不可或缺的组成部分。特别是因特网，已经越来越多地被用于获取信息、发送和接收文件、接收和发布新的消息以及下载文件和程序。随着因特网的高速发展，计算机病毒也走上了高速传播之路，已经成为计算机病毒的第一传播途径。

你知道吗

什么是计算机病毒

关于计算机病毒的定义，众说纷纭，莫衷一是。《中华人民共和国计算机信息系统安全保护条例（2011 修订）》第二十八条规定："计算机病毒是指编制或者在计算机程序中插入的破坏计算机功能或者毁坏数据，影响计算机使用，并能自我复制的一组计算机指令或者程序代码。"这是一个具有法律效力的定义。

计算机病毒实质上是一段可执行程序，它具有广泛传染性、潜伏性、破坏性、可触发性、针对性和衍生性、传染速度快等特点。早期的计算机病毒多是良性的，偏重于表现自我而不进行破坏。后来的恶性计算机病毒则大肆破坏计算机软件，甚至破坏硬件，最终导致计算机信息系统和网络系统瘫痪，给人们造成各种损失。计算机病毒可被预先编制在程序里，也可通过软件、网络或者无线发射的方式传播。

2. 计算机病毒的传播途径及防治

（1）因特网传播。互联网既方便又快捷，不仅提高人们的工作效率，而且降低运作成本，逐步被人们所接受并得到广泛的使用。商务来往的电子邮件、浏览网页、下载软件、即时通信软件、网络游戏等，都是通过互联网这一媒介进行。如此频繁的使用率，注定备受病毒的"青睐"。

❶ 通过浏览网页和下载软件传播

很多网友都遇到过这样的情况，在浏览过某网页之后，IE 标题便被修改了，并且每次打开 IE 都被迫登录某一固定网站，有的还被禁止恢复还原，这便是恶意代码在作怪。当 IE 被修改，注册表不能打开，开机后 IE 疯狂地打开窗口，被强制安装了一些不想安装的软件，甚至可能当访问了某个网页时，而自己的硬盘却被格式化……那么很不幸，肯定是中了恶意网站或恶意软件的病毒了。

当浏览一些不健康网站或误入一些黑客站点，访问这些站点的同时或单击其中某些链接或下载软件时，便会自动在浏览器或系统中安装上某种间谍程序。这些间谍程序便可让浏览器不定时地访问其站点，或者截获私人信息并发送给他人。

电子邮件协议的新闻组、文件服务器、FTP下载和BBS文件区也是病毒传播的主要途径。经常有病毒制造者上传带病毒文件到FTP和BBS上，通常是使用群发到不同组，很多病毒伪装成一些软件的新版本，甚至是杀毒软件。很多病毒流行都是依靠这种方式同时使上千台计算机染毒。

BBS是由计算机爱好者自发组织的通讯站点，因为上网站容易、投资少，因此深受大众用户的喜爱，用户可以在BBS上进行文件交换（包括自由软件、游戏、自编程序）。由于BBS站一般没有严格的安全管理，也无任何限制，这样就给一些病毒程序编写者提供了传播病毒的场所。各城市BBS站间通过中心站间进行传送，传播面较广。随着BBS在国内的普及，病毒的传播又因此增加了新的介质。

你知道吗

浏览网页和下载软件传播病毒的防治

在登录互联网时，打开反病毒软件中有关互联网监视的几项功能，确保您的计算机享有实时防护的服务，遇到病毒及时反映并做出正确的处理。

◆反病毒软件的网页监视功能，可以有效阻挡非法网站中藏匿的恶意代码，轻松确保IE原有设置不被篡改。

◆“屏蔽恶意网站功能”使用内置默认和自由添加两个方式确定恶意网站列表，识别恶意网站地址，有效封杀通过恶意网站进行感染的病毒和木马。同时，随着反病毒软件的每日自动升级，恶意网站列表将不断更新，所以不必担心列表中的网站数量有限。

◆“绿色上网功能”可以屏蔽上网过程中出现的各种恶意组件，免受间谍软件、广告软件的打扰，真正实现您自由自在的进行网络游戏。

◆拒绝恶意软件：在反病毒软件中点击菜单“工具→插件→绿色上网”，打开绿色上网插件窗口。同样，针对不同类型的恶意软件，反病毒软件为我们进行了详细的分类，有国内、国外、聊天、安全、游戏等。我们在相应的分类上点选自己想屏蔽的组件，即可屏蔽上网过程中出现的各种恶意组件，免受间谍软件、广告软件的打扰。

◆“关闭IE广告窗口”即可禁止某些网站弹出的广告，让你用IE上网时更加放心。不要随便登录那些很诱惑人的小网站，因为这些网站很可能有网络陷阱。不要轻易下载小网站的软件与程序，下载的软件需先进行安全检查，确认安全无病毒后再安装使用，确保您的计算机始终处于安全的环境下。

❷ 通过即时通信软件传播

即时通信（Instant Messenger，简称IM）软件可以说是目前我国上网用户使用率最高的软件，它已经从原来纯娱乐休闲工具变成生活工作的必备工具。由于用户数量众多，再加上即时通信软件本身的安全缺陷，例如，内建有联系人清单，使得病毒可以方便地获取传播目标，这些特性都能被病毒利用来传播自身，导致其成为病毒的攻击目标。事实上，臭名昭著、造成上百亿美元损失的求职信（Worm.Klez）病毒就是第一个可以通过 ICQ 传播的恶性蠕虫，它可以遍历本地 ICQ 中的联络人清单来传播自身。而更多的对即时通信软件形成安全隐患的病毒还正在陆续发现中，并有越演越烈的态势。截至目前，通过 QQ 传播的病毒已达上百种。

P2P 即对等互联网络技术（点对点网络技术），它让用户可以直接连接到其他用户的计算机，进行文件共享与交换。每天全球有成千上万的网民在通过 P2P 软件交换资源、共享文件。由于这是一种新兴的技术，还很不完善，因此，存在着很大的安全隐患。由于它不经过中继服务器，使用起来更加随意，所以许多病毒制造者开始编写依赖于 P2P 技术的病毒。

你知道吗

即时通信软件传播病毒的防治

当使用 QQ、MSN、UC、ICQ、IRC、雅虎通等即时通信软件接收文件时，反病毒软件的“聊天监视”将实时过滤病毒，一旦发现异常，第一时间提出警示，保护在聊天的时候不会被病毒感染。开启聊天监视还可以有效地避免 QQ、MSN、雅虎通等聊天工具账号、密码被盗。收到好友发过来的可疑信息时，千万不要随意点击，应当首先确定是否真的是好友所发。要防范通过 IRC 传播的病毒，还需注意不要随意从陌生的站点下载可疑文件并执行，而且轻易不要在 IRC 频道内接收别的用户发送的文件，以免计算机受到损害。

❸ 通过网络游戏传播

网络游戏已经成为目前网络活动的主体之一，更多的人选择进入网络游戏来缓解生活的压力，实现自我价值，可以说，网络游戏已经成了一部分人生活中不可或缺的东西。对于游戏玩家来说，网络游戏中最重要的就是装备、道具这类虚拟物品了，这类虚拟物品会随着时间的积累而成为一种有真实价值的东西。因此，出现了针对这些虚拟物品的交易，从而出现了偷盗虚拟物品的现象。一些用户要想非法得到用户的虚拟物品，就必须得到用户的游戏账号信息。因此，目前网络游戏的安全问题主要就是游戏盗号问题。由于网络游戏要通过电脑并连接到网络上才能运行，偷盗玩家游戏账号、密码最行之有效的武器莫过于“特洛伊木马（Trojan horse）”，专门偷窃网游账号和密码的“木马”也层出不穷。这种攻击性武器，无论是菜鸟级的黑客，还是研究网络安全的高手，都将其视为最爱。

你知道吗

网络游戏传播病毒的防治

开启反病毒软件实时监视中的“网络游戏保护”，能有效地避免盗号程序的植入。反病毒软件的反木马功能也非常强大，它扫描系统端口，有效查杀网络游戏盗号木马等5万种以上。

在保护玩家游戏账号、密码上，反病毒软件更有其独创的“Online”技术，只要上网，系统自动进入在线防护状态，保护在线游戏的安全。

同时，可以将常用的用户名、密码以及私密信息、各类账号在这里做一下登记，这样就可以防止间谍软件将您的被保护信息以任何形式窃取，为你的隐私加了一层保护壳。

❹ 通过电子邮件传播

在电脑和网络日益普及的今天，商务联系更多使用电子邮件传递，病毒也随之找到了载体，最常见的是通过互联网交换 Word 格式的文档。由于互联网的广泛使用，其传播速度相当迅速。电子邮件携带病毒、木马及其他恶意程序，会导致收件者的计算机被病毒入侵。

你知道吗

电子邮件传播病毒的防治

安装反病毒软件，特别是那些设计了“邮件监视”功能、“邮件过滤设置”插件的杀毒软件来支持各种邮件客户端，在收发邮件时进行双向过滤，彻底查杀正文、附件、超文本中隐藏的一切病毒，并自动过滤垃圾邮件。培养良好的安全意识。对来历不明的陌生邮件及附件不要轻易打开，即使是亲朋好友的邮件也要加倍小心。

（2）局域网传播。局域网是由相互连接的一组计算机组成的，这是数据共享和相互协作的需要。组成网络的每一台计算机都能连接到其他计算机，数据也能从一台计算机发送到其他计算机上。如果发送的数据感染了计算机病毒，接收方的计算机将自动被感染，因此，有可能在很短的时间内感染整个网络中的计算机。局域网络技术的应用为企业的发展做出巨大贡献，同时也为计算机病毒的迅速传播铺平了道路。同时，由于系统漏洞所产生的安全隐患也会使病毒在局域网中传播。

你知道吗

局域网传播病毒的防治

打开反病毒软件将需要检测的文件直接拖拽到主程序界面上便可以快速查毒，方便快捷。对由于系统漏洞产生的隐患，也可以通过反病毒软件的“系统漏洞修护功能”进行完善。“系统漏洞修护功能”，可以找出目前计算机系统存在的所有升级补丁，同时通过下载相应的更新补丁程序进行系统升级，使系统达到最新状态，提高系统的安全性和稳定性，从而有效地避免病毒、黑客和恶意程序的攻击。

3. 怎样保护计算机的安全

（1）基于工作站的防治技术。工作站防治病毒的方法有三种：一是软件防治，即定期不定期地用反病毒软件检测工作站的病毒感染情况。软件防治可以不断提高防治能力，但需人为地经常去启动软盘防病毒软件。**二是在工作站上插防病毒卡**。防病毒卡可以达到实时检测的目的，但防病毒卡的升级不方便，从实际应用的效果看，对工作站的运行速度有一定的影响。**三是在网络接口卡上安装防病毒芯片**。它将工作站存取、控制与病毒防护合二为一，可以更加实时、有效地保护工作站及通向服务器的桥梁。但这种方法同样也存在芯片上的软件版本升级不便的问题，而且对网络的传输速度也会产生一定的影响。

（2）基于服务器的防治技术。网络瘫痪的一个重要标志就是网络服务器瘫痪。网络服务器一旦被击垮，造成的损失是灾难性的、难以挽回和无法估量的。目前基于服务器的防治病毒的方法大都采用防病毒可装载模块，以提供实时扫描病毒的能力。有时也结合利用在服务器上的插防毒卡等技术，目的在于保护服务器不受病毒的攻击，从而切断病毒进一步传播的途径。

（3）加强计算机网络的管理。计算机网络病毒的防治，单纯依靠技术手段不可能十分有效地杜绝和防止其蔓延，只有把技术手段和管理机制紧密结合起来，提高师生的防范意识，才有可能从根本上保护网络系统的安全运行。目前，在网络病毒防治技术方面，基本处于被动防御的地位，但管理上应积极主动。首先，应从硬件设备及软件系统的使用、维护、管理、服务等各个环节上制定出严格的规章制度，对网络系统的管理员及用户加强法制教育和职业道德教育，规范工作程序和操作规程，严惩从事非法活动的集体和个人。其次，应有专人负责具体事务，及时检查系统中出现病毒的症状，汇报出现的新问题、新情况，在网络工作站上经常做好病毒检测的工作，把好网络的第一道大门。除在服务器主机上采用防病毒手段外，还要定期用查毒软件检查服务器的病毒情况。最重要的是，应制定严格的管理制度和网络使用制度，提高自身的防毒意识。应跟踪网络病毒防治技术的发展，尽可能采用行之有效的新技术、新手段，建立“防杀结合、以防为主、以杀为辅、软硬互补、标本兼治”的最佳网络安全模式。

你知道吗

防止“黑客”攻击的十种办法

◆要使用正版防病毒软件并且定期将其升级更新，这样可以防止“黑客”程序侵入你的电脑系统。

◆如果你使用数字用户专线或是电缆调制解调器连接因特网，就要安装防火墙软件，监视数据流动。要尽量选用最先进的防火墙软件。

◆别按常规思维设置网络密码，要使用由数字、字母和汉字混排而成，令“黑客”难以破译的口令密码。另外，要经常性地变换自己的口令密码。

◆对不同的网站和程序，要使用不同的口令密码，不要图省事使用统一密码，以防止被“黑客”破译后产生“多米诺骨牌”效应。

◆对来路不明的电子邮件或亲友电子邮件的附件或邮件列表要保持警惕，不要一收到就马上打开。要首先用查杀病毒软件进行查杀，确定无病毒和无“黑客”程序后再打开。

◆要尽量使用最新版本的互联网浏览器软件、电子邮件软件和其他相关软件。

◆下载软件要去声誉好的专业网站，既安全又能保证较快速度，不要去资质不清楚的网站。

◆不要轻易在网站留下你的电子身份资料，不要允许电子商务企业随意储存你的信用卡资料。

◆只向有安全保证的网站发送个人信用卡资料，注意寻找浏览器底部显示的挂锁图标或钥匙形图标。

◆要注意确认你要去的网站地址，注意输入的字母和标点符号的绝对正确，防止误入网上歧途，落入网络陷阱。

三、不良信息

刘某是某校在读学生，2007 年 10 月底，刘某发现在黄色网页上做成人广告可以赚钱，于是在国外建立了一个名为“无尽诱惑”的黄色网站，因国外为个人主页提供的存储空间不大，且维护困难，刘某又将该网站链接到国内网易公司的目录下，并在该目录下的“zip”文件夹中存放了大量淫秽照片、文字，又在其中放置了广告词条，以图牟取利益。

自从 20 世纪 90 年代我国正式接入互联网以来，信息爆炸、信息高速、信息共享成为当代信息社会的三大特征。网上信息飞速流通，而且网络上的种种优势也以迅雷不及掩耳之势融入了中职生的学习生活之中，中职生利用网络的虚拟空间开拓着自己在现实以外的另一片天地，不断收取着更多的外界信息。

但是，任何事物的发展都会对人类的思想产生一定的影响，网络的发展也不例外。

1. 网络不良信息对中职生思想的影响

由于网上信息量大，鱼龙混杂，不免有不良的垃圾信息，这对中职生而言，在其人生观与价值观的塑造上产生巨大影响。

（1）容易导致价值观的偏移。网络环境无边无际，各种思想交织，而不同的价值观也在此汇聚。西方发达国家欲建立“网络霸主”垄断信息的制造传播，竭力将自己的思想驾于世界之上，这种斗争虽不似真招实弹的战争残酷，但远比其更激烈。由于通过网络传播可以逐渐影响与改变人们的思想，因此，在网络环境中，应重视避免中职生受西方不良信息的影响。

（2）容易导致道德法律观念的淡化。由于网络环境还未形成系统的法律规范，因此，网上行为主要取决于网络使用者的自觉与道德责任感，再加上网络行为具有虚拟的特点，会造成中职生道德责任的削弱与自由意识的泛滥。

（3）容易导致思维方式的改变。从思维方式上看，书刊造就学生严谨的想象与逻辑思维能力，网络则使其形象思维能力发散，想象与逻辑思维能力削弱。所以，面对网络不良信息，中职生易忽视思考和追问本质的思维方式，诱导他们用“看”的方式而非“想”的方式认识世界，忽视现实实践，妨碍中职生总体素质提高。

2. 中职生对网络不良信息的自我约束

理想与信念是人生的精神支柱。相当一部分中职生进入中职院校后，人生目标恍惚，特别是产生自卑与沮丧的灰暗人生心理，对于许多现实的东西不感兴趣，精神空虚。个别中职生胸无大志、自怨自艾，缺乏对人生问题的理性思考。人的生命是有限的，要使有限的生命有意义，就必须树立明确的奋斗目标，在奋斗目标的指引下，沿着正确的人生道路拼搏进取，这对人生具有决定意义。21 世纪是知识经济时代，知识经济对中职生的要求将越来越高。所以，中职生必须志向高远，奋斗不息，努力创造辉煌的人生，对社会多做贡献，不受不良信息引诱，做个有理想、有追求的现代创新型高素质中职生。

3. 中职生抵制不良信息进行自我调节的具体措施

- 增强自觉程度。面对任何网络信息都做到“三思而后行”。
- 多构想未来的规划。中职生要制订未来目标，努力奋斗实现目标，不沉溺于虚拟网络信息陷阱。
- 寻求外在真实的协助，在真实的生活中寻找满足需求的方式，寻求真实性。

建立正向的提醒，以错误的网上不良信息为诫，禁止浏览不良网站，对自己实行强力的监督管理。

你知道吗

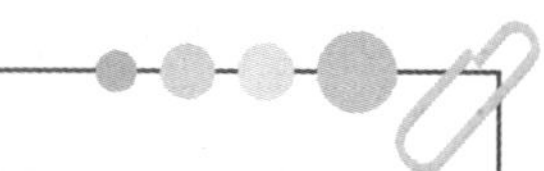

拒绝网络不良信息，共建文明网络家园

营造健康文明的网络文化环境，清除不健康信息已成为社会的共同呼唤、要求和保障未成年人健康成长的迫切需要。为使网络成为传播先进文化的阵地、虚拟社区的和谐家园，广大青少年应远离不文明网络行为，远离不良信息，远离不健康网络游戏。

❶ 树立正确的荣辱观，抵制腐朽思想的侵害，接受科学进步的思想。坚决贯彻、落实胡锦涛总书记提出的以“八荣八耻”为主要内容的社会主义荣辱观，以传播和弘扬热爱祖国、服务人民、崇尚科学、辛勤劳动、团结互助、诚实守信、遵纪守法、艰苦奋斗的内容为荣，努力营造健康向上的网上舆论氛围。

❷ 争做《全国青少年网络文明公约》的实践者，营造文明、安全的网络环境。要自觉远离网吧，自觉抵制不健康网络游戏的诱惑，远离不健康网络游戏；不利用网络煽动闹事、造谣生事；不在网络上冒名顶替、污蔑欺骗；不散布虚假言论，不轻信网上留言。

❸ 共同维护文明网络环境，共同清扫网络垃圾。不制造和传播网络病毒，维护网络安全，不在网上宣传色情、迷信、暴力等内容，不在网上谩骂、攻击他人，注意文明用语，自觉抵制不文明行为。

❹ 文明上网，上文明网，上安全网，做有正义感、责任感、上进心的网民。要增强自护意识，不随便约见网友；牢记学生身份，只摄取有益的信息和资料，自觉遵守网络公德，争当新时代的好青年、好少年。

四、垃圾邮件

2008 年 2 月 13 日，某市公安局计算机安全监察室在对互联网的监控中发现了某网站，借助刘某留在该网站上的联系邮箱为线索，通过侦察，确认了刘某是某校学生。次日，警方将其捕获，并在刘某的个人计算机中发现了大量同“无尽

诱惑”网站中内容一致的淫秽照片、小说以及一些应用软件等。经审查，刘某对其犯罪事实供认不讳，并称自己家庭困难，想赚钱减轻家庭负担。据统计，该网站建立3个月以来，进入网站并点击其中广告词条的共计76 131次人，但直到案发时，刘某并未得到分文报酬。鉴于刘某归案后认罪态度好，又属初犯，法院酌情从轻处罚。

1. 垃圾邮件的危害

垃圾邮件可以说是因特网带给人类最具争议性的副产品，它的泛滥已经使整个因特网不堪重负。

- 占用网络带宽，造成邮件服务器拥塞，进而降低整个网络的运行效率。
- 侵犯收件人的隐私权，侵占收件人信箱空间，耗费收件人的时间、精力和金钱。有的垃圾邮件还盗用他人的电子邮件地址做发信地址，严重损害了他人的信誉。
- 被黑客利用成助纣为虐的工具。如在2000年2月，黑客攻击雅虎等五大热门网站就是一个例子。黑客先是侵入并控制了一些高带宽的网站，集中众多服务器的带宽能力，然后用数以亿万计的垃圾邮件猛烈袭击目标，造成被攻击网站网路堵塞，最终瘫痪。
- 严重影响ISP的服务形象。在国际上，频繁转发垃圾邮件的主机会被上级国际因特网服务提供商列入国际垃圾邮件数据库，从而导致该主机不能访问国外许多网站。并且收到垃圾邮件的用户会因为ISP没有建立完善的垃圾邮件过滤机制，而转向其他的ISP。一项调查表明：ISP每争取一个用户要花费75美元，但是每年因垃圾邮件要失去7.2%的用户。
- 妖言惑众，骗人钱财，传播色情等内容的垃圾邮件，已经对现实社会造成了危害。

2. 预防措施

- 在不打开垃圾邮件的情况下将其删除。有时打开垃圾邮件会引起垃圾邮件发送者的注意。
- 不要回复垃圾邮件。除非您确定邮件来自合法来源。包括不回复提供“将我从您的列表中删除”选项之类的邮件。
- 不要在电子邮件或即时消息中提供个人信息。这可能是一个骗局。大多数合法公司都不会通过电子邮件索取个人信息。如果您信任的公司（如信用卡公司或银行）向您索取个人信息，请进一步调查。使用您的信用卡背面、账单上、电话簿中或其他地方找到的号码（不能是电子邮件中提供的号码）给该公司打电话。如果是合法请求，该公司的客户服务部门应能够为您提供帮助。

- 在打开电子邮件或即时消息中的附件或单击其中的链接时请再三考虑，即使您认识发件人。如果您不能向发件人确定附件或链接安全可靠，请删除该邮件（如果必须打开您不确定的附件，请先将其保存到硬盘，以便在打开之前可以利用防病毒软件对它进行检查）。
- 不要通过垃圾邮件购买任何东西或向慈善机构捐助。垃圾邮件发送者通常互相交换或出售向他们购买东西的人员的电子邮件地址，因此，如果您通过垃圾邮件购买东西，可能招致更多的垃圾邮件。此外，垃圾邮件发送者靠人们购买他们提供的商品谋生。抵御通过垃圾邮件购买商品的诱惑，使垃圾邮件发送者无以立足。

  犯罪分子使用垃圾邮件利用人们帮助他人的愿望而牟利。如果您收到的电子邮件请求来自您愿意资助的慈善机构，为避免捐助欺诈，应直接给该机构打电话并查明如何捐助。
- 不要转发链接式电子邮件信息。否则不仅无法控制谁可以看到您的电子邮件，而且还可能传递恶作剧或帮助传递病毒。

3. 垃圾邮件的应对措施

（1）阻止垃圾邮件发件人。当收到垃圾邮件后，如果垃圾邮件的发件人是固定邮件地址，最直接的方法便是在右侧邮件列表窗格选中该邮件，接着点击菜单命令“邮件→阻止发件人”。

你收到过垃圾邮件吗？一般你是怎么处理的？

（2）利用邮件规则对付狡猾的垃圾邮件。现在许多垃圾邮件的邮件地址都是伪装的，每封信都会变换不同的地址，因此利用阻止发件人的方法就不太适合了，这时邮件规则就派上用场了。在右侧邮件列表窗格选中垃圾邮件，接着点击菜单命令“邮件→从邮件创建邮件规则”，在弹出窗口中可以根据该垃圾不会变化的部分，比如，主题、正文都会有一样的词语（如手机魔卡、深圳市×××公司等），然后在“选择规则条件”列表中勾选“若主题行包含特定的词”或是“若邮件正文包含特定的词”，在“选择规则操作”中勾选“从服务器上删除”，在“规则描述”中单击“包含特定的词”打开“键入特定文字”窗口，输入那些有规律的词语即可。

有些垃圾邮件在邮件发件人、收件人这些字段的地方都是空白的，请利用电子邮件地址中间一定会有“@”符号的特性，新建一个规则，让邮件管理程序 OE（全称 Microsoft Outlook Express），自动将那些发件人和收件人都不包含“@”符号的邮件自动从服务器上删除。

（3）将垃圾邮件录入黑名单。比如，在 Outlook 中如果发现某个邮件是垃圾邮件，可以右击邮件并选择“垃圾邮件→将发件人添加到阻止发件人名单”。其实你完全可以在工具栏设置一个专门的按钮，以后只要选中垃圾邮件，然后再单击它即可完成名单添加操作。

（4）远程管理邮箱。如果你经常收到垃圾邮件，建议在接收邮件前单击 Foxmail 工具栏上的“远程管理”按钮打开“远程邮箱管理”，在这里不仅可以通过右击邮件将垃圾邮件地址加入黑名单，而且还能选择“服务器→在服务器上执行”，直接在服务器上将垃圾邮件删除，而不是收到本地后再处理。也可搭配其他邮件客户端来过滤垃圾邮件，这样软件运行后会作为邮件客户端程序和邮箱之间的一个过滤器，邮件在到达邮件客户端前先在这里进行过滤，并在垃圾邮件标题前加上特殊标记，再配合 OE 的邮件规则即可完成垃圾邮件的过滤。

知识点 2　谨防“网络陷阱”

随着互联网络的快速发展，网上购物、网上炒股、网上银行、网上营销等网上商务活动日渐兴起，网络可以说已成为中国老百姓一种较为重要的投资理财工具。媒体宣传说互联网是当今世界上最大的富翁制造工厂，制造出了诸如比尔·盖茨等亿万富翁。但就在这个虚拟世界的互联网上，既孕育着无限的商机，同时也潜伏着许多的陷阱，而且这些陷阱又非常隐蔽，让上网者毫无知觉，防不胜防。

一、网上欺诈

曾有一个叫“万维”的网点向社会公众发售一种西班牙彩票，并保证人人都会中奖。用户发觉自己上当后，赶紧向政府举报，有关机构通过调查发现，这个网点是由一家在爱尔兰的公司经营的，而存放这个网页的主机却又在墨西哥，属于一家企业属下的子公司，绕来绕去，调查最终不了了之。据悉，这类“人人中大奖”的骗子游戏主要有两种行骗方式：一是骗邮资。“恭喜您中大奖”，您可以获得电脑、摄像机、手机等贵重物品，不过领奖前，您要先预交一笔数目不菲的邮资。可当你一旦交了这笔钱，对不起，您的奖品可就遥遥无期了。二是骗钱。通常当事人会被通知“中奖”了，接着需要您用信用卡支付一笔现金购买某个豪华度假村（价格与市场相比，当然不贵），但结果却是你实际拥有的可能只是这个豪华度假村的普通住宿权利。

1. 预防网络欺诈的措施

（1）不要相信天上会掉馅饼。虚拟世界也一样，不要轻信那些可疑电子邮件中所许诺的发财机会。享用互联网的便利时，不要忘记互联网同时也会带给你风险。

（2）了解一些网络欺诈惯用的手法，以免上当受骗。

- 网上“小偷”在公共场所，如网吧，偷拍正使用网上银行的用户资料。有的消费者将有效证件、银行卡及密码遗失也可能造成风险。提高自我保护意识，注意妥善保管自己的私人信息，如本人证件号码、账号、密码等，不向他人透露；尽量避免在网吧等公共场所使用网上电子商务服务。
- 在互联网建立一个假网站或发送电子邮件，假借有奖促销活动的名义要求你通过邮件发送账号和密码或是到指定的假网站上输入银行账号和密码，以此“钓鱼”。
- 采用手机短信的诈骗方式，以银行的名义暗示现在发生了一个可能威胁您账户的紧急情况，诱使您提供账号和密码。
- 即使您没有依照电子邮件或假网站的要求提供个人资料，但点击了邮件或假网站上的链接，也可能让您在不知情的情况下被安装木马程序或计算机病毒，使网上银行账号和密码被他人窃取。
- 一定要安装防火墙、防病毒软件和反间谍软件，并经常升级；注意经常给系统打补丁，堵塞软件漏洞；禁止浏览器运行 Javascript 和 ActiveX 代码；不要上一些不太了解的网站，不要执行从网上下载后未经杀毒处理的软件，不要打开 MSN 或者 QQ 上传送过来的不明文件等。

2. 应对网络欺诈的方法

（1）用户名/密码方式实现身份认证的情况下防止网上欺诈以及电子邮件欺诈。

❶ 针对假冒网上银行网站的对策

广大网上电子金融（网上银行、网上证券）、电子商务用户在进行网上交易时要注意做到以下几点：

- 一定要核对网址，看是否与真正网址一致，建议直接在浏览器上输入银行网址，而不是点击搜索引擎的搜索结果或其他不明网站和不明邮件中的链接。

- 要选妥和保管好密码，不要选诸如身份证号码、出生日期、电话号码等作为密码，建议用字母、数字混合密码，尽量避免在不同系统中使用同一密码。
- 要做好交易记录，对网上银行、网上证券等平台办理的转账和支付等业务做好记录，定期查看“历史交易明细”和打印业务对账单，如发现异常交易或差错，立即与有关单位联系。建议不要使用大众版，要管好个人数字证书，避免在公用的计算机上使用网上交易系统。
- 对异常动态提高警惕，如不小心在陌生的网址上输入了账户和密码，并遇到类似“系统维护”之类提示时，应立即拨打有关客服热线进行确认，万一资料被盗，应立即修改相关交易密码或进行银行卡、证券的挂失。

❷ 针对虚假电子商务信息的对策应掌握以下诈骗信息特点：

- 虚假购物、拍卖网站看上去都比较“正规”，有公司名称、地址、联系电话、联系人、电子邮箱等，有的还留有互联网信息服务备案编号和信用资质等。
- 交易方式单一，消费者只能通过银行汇款的方式购买，且收款人均为个人而非公司，订货方法一律采用先付款后发货的方式。
- 骗取消费者款项的手法如出一辙，当消费者汇出第一笔款后，骗子会来电以各种理由要求汇款人再汇余款、风险金、押金或税款之类的费用，否则不会发货，也不退款，一些消费者迫于第一笔款已汇出，抱着侥幸心理继续再汇。
- 在进行网络交易前，要对交易网站和交易对方的资质进行全面了解。一定要看看该电子商务网站是否已经部署了 SSL 证书，就是浏览器下方是否有安全锁，否则您在线输入的机密信息极有可能也非常容易被非法窃获。

（2）将银行网站地址添加到浏览器的“收藏夹”中。不要采用超级链接的方式间接访问银行网站。并要小心识别虚假网站，在登录网站后，还应仔细检查浏览器右下角状态栏上的挂锁图标对应的证书信息。

（3）注意密码。如果已经不小心向不明人员或网站提供网上银行密码，要立即登录网上银行修改密码或到柜面进行密码重置。并且选择不容易猜测的密码，以免被“有心人”猜中。还可以将网上银行登录密码和用以对外转账的支付密码设置为不同的密码，多重验证以保证资金安全。

（4）验证预留信息。“验证预留信息”是有些银行为帮助客户有效识别银行网站、防范不法分子利用假银行网站进行网上诈骗的一项服务。使用时可以在银行预先记录一段文字即“预留信息”，登录个人网上银行，在购物网站上进行支付或在线签订委托缴费协议时，网页上会自动显示预留信息，以便验证是否为真实的银行网站。如果网页上没有显示验证预留信息或显示的信息与客户的预留信息不符，应立即停止交易。

（5）应清楚知道每一位与自己共用计算机的人。应严格限制任何未经授权的人士使用自己的计算机。因为在公用计算机上使用网上银行，可能会使账号和网上银行密码落入他人之手，从而使网上账户被盗用。

（6）遇有财产损失，及时报警。看管资料甚于看管钱包。以虚假不实的公司名称和地址，诱导和欺骗消费者。购物须认真核实该网站是否具有通信管理部门核发的经营许可证书，消费者可向网站涉及区域的通信管理部门查询。如果消费者有理由相信该网站及该公司涉嫌诈骗，应及时向公安机关报警。

二、交友陷阱

东北某中职女生李某在网上结识了一位网名叫“阳光男孩”的网友。李某被男孩幽默的言辞所吸引，特别是“阳光男孩”介绍自己为某公司的白领，父母在国外等情况时，更让她羡慕至极，而男孩似乎也对她萌生了爱意。当男孩提出见面时，李某一口答应，并瞒着家人，踏上了远去湖南长沙的列车。然而，她做梦也没想到，她痴迷的网上恋人竟是社会上的小混混，网上所说的话全是谎言。见李某万般后悔准备离开时，这名小混混凶相毕露，带着几名兄弟，将女孩强行带到某旅馆进行多次轮奸，并抢光女孩所有的钱物。

以上案例只是众多网络犯罪中的一种，利用网恋来骗财、骗色，甚至残害生命。利用网恋这一特殊方式犯罪已成为威胁青少年身心健康的一个重要的社会问题。网恋一旦被坏人利用，它就好似一个玫瑰式的陷阱，无情地吞噬着思想单纯、感情纯真的中职生的身心和生命。尽管有许多中职生因网恋给自己的身心带来巨大的影响和伤害，但仍有相当一部分人还痴迷于网恋中不能自拔，原因如下：

❶ 广大中职生对网络虚拟世界的好奇心理。他们的年龄，往往处于人生观、世界观成型前的不稳定期，容易对未来抱有幻想，对谎言的识别能力低。过分追求浪漫的爱情，因而容易被网上一些“爱情高手”的甜言蜜语所迷惑，最终跌入网恋的陷阱中。
❷ 广大中职生，尤其是在校学习阶段，由于学习任务重，业余时间少，生活单调，很多学生还要面临升学、就业的压力，造成他们到网上寻找刺激、寻找寄托，逃避现实生活，幻想通过网上交友缓解压力，得到情感上的寄托。
❸ 网恋为广大中职生提供了一个广阔的择偶空间。网络把世界变成了“地球村”，可以结交海内外的朋友。这样就使一些中职生到网上去寻找符合自己要求的“白马王子”或“白雪公主”。

事实上，网恋的成功率很低。双方交朋友只是通过对方的语言、自己的直觉和想象而产生信任感，而这种信任感往往是靠不住的。一旦步入对方设好的圈套，就要付出沉重的代价。

“网恋”已成为一种普遍现象，“网上情人”已开始在学生中流行。据有关报道，一名 18 岁的中职学生在两个月里悄悄约见了 8 个网上情人。这一现象值得我们深思，互联网的出现拓展了人们的交往空间，也因此改变了某些人的交友方式。但是，一些人迷恋于在虚无缥缈的网上世界去结识自己的“朋友”或“知己”，在未曾谋面、根本不了解对方的情况下便敞开心扉，无所不谈，将自己的隐私、家庭住址、家人情况等毫不隐瞒地告诉网友，甚至邀请网友见面或到家做客。在网络的另一端，有时连接的是友情，有时却可能连接着危险。所以，网上交友陷阱多，要慎之又慎。上网与他人交往时，一定要有戒备之心，切莫轻信他人。

1. 如何避免网上交友的危险

- 网上的交友网站很多，超过一半是色情的，上这些网站交友的人要找的不是朋友而是性伴侣，所以请小心选择，不要糊里糊涂就发出一个征友广告，引狼入室。
- 网络谈情里也有各种不同主题的频道，先选好再进入，不要什么都没有看就冲进去和人家聊天，搞不好又是另外一个色情聊天区。
- 不要一开始就兴奋地将自己的家庭背景全泄露出来，先从个人嗜好开始，慢慢了解对方。电话和通讯地址是万万给不得的，因为网上什么人都有，一定要防范。如果对方一开始就问你身高体重三围，接着又问你一些床上问题，你可以马上和他断绝来往。
- 对方说自己如何如何酷或如何如何靓，请不要相信。真正的帅哥美女通常不会这样形容自己。而如果对方在还没有和你见面或通电话之前就说他爱你，不要天真地以为自己恋爱了。因为一个人在网上的言谈，和现实生活中的他，往往相差十万八千里。
- 经济不景气，很多人什么坏主意都想得出。一些网上骗子，才和你聊天没聊两句，就要你拿钱出来和他合伙做生意，而竟然有人这样受骗！你防人，别人也防你。在没有得到对方同意之前，万万不可将对方的电邮或其他通讯处转告别人，这不仅没有礼貌，也很危险。试想如果对方也这样做，你每天也许就会收到很多骚扰电邮。
- 如果在网络上被别人纠缠不清，不知如何应对，可以将对方设入黑名单，任他再有空，也没有办法和你继续纠缠。如果经常收到讨厌的电邮，不知如何处理，可请你的网络供应商帮忙，叫网络供应商寄出警告信给对方，叫他停止骚扰你。当然，你的理由要很充足。
- 如果打算见面，千万不要选在夜深人静的深山野岭，也千万不要独自跑到别人的家里做客。可以的话，请一个朋友陪你一起去。多见几次面，觉得还可以交往的话，才开始深交。
- 如果你能够切记以上交友秘诀，就不必担心被存心不轨的网友给欺骗。还有很重要的一点是不要带着太多的期盼去与网友见面，因为在网上的交谈过程中，你很可能不知不觉将对方定了型，但他实际上也许根本不是你所想象的那样。

2. 中职生如何处理网上交友的危机

- 中职生要充分认识网络世界存在着的虚拟性和险恶性，对网络恋情多一分清醒，少一分沉醉，时刻保持高度警惕性。不要轻易地相信他人。除非你对对方已经有很长时间的交往，而且建立起了一定的信任，否则不要轻易与对方约会。有时候直觉会欺骗一个人，尽量多沟通，尽量拖延约会时间是对自己最好的保护。

你认为，网络发展是利大于弊还是弊大于利？

- 中职生要保护自身的隐私，不要在个人资料和通信过程中泄漏任何真实的私人信息。需要刻意保护的信息有：真实姓名、住宅电话、手机号码、办公电话、家庭住址、公司名称，或者任何可以让他人直接找到你的任何信息。除非对对方有了充分的了解，我们建议在社区内永久保持匿名，除非想与对方进一步发展关系。
- 对那些试图得到你私人信息的人保持警惕。众所周知，经过一段时间的正常沟通以后，好友之间互相通报电子邮件之类的信息可以加深关系。此时，好友之间仍然可以保持轻微的警惕与自我保护意识。如果有些人不停地向你索取私人通信方式，或者主动提供给你 QQ 或邮件。此时一定要保持冷静，慎重对待这种局面，并做出理性选择。
- 中职生保持平常心，提醒自己正在做什么。可以通过社区迅速找到与自己适合的好友，并迅速成为朋友。但是当想进一步加深关系之前，回顾一下自己的交友过程，并反思自己想要得到什么。不要强迫自己做使自己或他人不愉快的事情，不要过早过快地投入感情。尤其是在约会前，慎重考虑。
- 选择公共场所约会，并告知他人。如果和好友的关系发展到了一个可以足够信任对方，且可以约会的程度，请在约会前确定一个首要原则：选择公共场所约会并告知他人。大家一定多次听到过这样的劝告：单独去一个陌生、偏僻的场所和陌生人约会是多么的危险。
- 中职生与网友见面时，尤其是女同学要控制首次约会的时间，并且一定要坚持自己回家。掌握好首次约会的时间是非常明智的，假如你是约会老手则另当别论，如果你是新手那么请牢记这个忠告。即使期盼这次约会已经很长时间，而且做好了精心准备，并且约会非常美满，还是不要忘记早些回家，让家人放心。约会时要察言观色。上网者都填写不真实的资料，所以广大中职生不可能通过网络了解一个人的真实背景或真正性格，所以约会时察言观色是加深对对方感性认知的好时机。随时观察对方的任何特征：吹牛、叹气、挥舞手脚、过激举动、眼神、表情等，建立正确客观的第一印象对今后的关系发展大有裨益。约会时的其他注意事项：保护好手机，不要被对方知道号码；看管好身份证；另外防范窃贼也是必要的。

总之，个人安全重于一切，请保持谨慎和必要的警惕。在任何情况下都要确信自己的判断，并确信自己的行为不会伤害到自己和他人。

你知道吗

网络交友谨防几类人

◆ 游戏感情者

这类人专门借助网络的虚拟性藏匿混迹在各类交友网站中，性别亦男亦女，并不真与网友见面，通常只欺骗感情并不涉及及钱财及其他。

应对招式：多作饱经风霜、凄苦踌躇态，见招拆招。

◆ 骗财型

在聊天的过程中不断通过穿衣品牌、月收入或消费金额、家庭经济情况等来打探，一旦确认对方家境富足或个人收入不俗，便提出见面的要求，进而通过抢夺、诈骗等手段来诈取钱财。

应对招式：装穷是必胜招，说完多数骗子会掉头就跑。

◆ 骗色型

多发生为男性欺骗女性，通常用三种方式迷惑对方，一是自称超级帅哥或我很丑但很温柔，二是伪装成浪漫、温柔、体贴型，三是自称富家子弟。利用这些伪装诱骗一些不谙世事或贪慕虚荣的年轻女性，甚至未成年女性。

应对招式：提高感情防范意识，即便是谈得投机，相约见面时一定要告诉家人自己的去向，最好能在好友的陪同下在热闹的公共场合见面。处于不同的城市，女性一定要挑选在自己所在的城市，在亲人或好友的陪同下与其见面。

三、游戏陷阱

某校中职生小韬迷上了暴力网络游戏后，他的脾气就越来越坏，开始对父母有更多无理的要求。舍不得花钱的父母曾经给儿子买过 8 台游戏机，但这并没有让儿子满足。由于长时间的溺爱，小韬已经不听他们的话了，一旦父母满足不了小韬的要求，身高 1.86 米的小韬经常打骂父母，用缝衣针和牙签扎父母，脾气不好的时候还用砖头砸他父亲的头。父亲终于忍无可忍地举起哑铃将儿子杀死。

网络游戏对推进信息产业的发展和活跃娱乐业起到一定的作用。但是，不少青少年沉迷于网络游戏而造成的危害也不小。凡沉迷“网游”的中职生，成绩下降，甚至逃学，有的甚至精神恍惚，从而给学校、家庭、社会造成极为消极的影响。网络的出现，使中职生的生活空间从相对狭窄的现实空间进入一个完全开放的虚拟空间，他们获取知识的渠道已由传统的课堂传授向网络延伸。一些学生在获取网络信息的同时，也受到网上“虚拟游戏”的侵害，那些虚拟的暴力游戏、色情卡通游戏弄得中职生们神魂颠倒、痴痴迷迷，天天往网吧里钻，导致学习成绩一落千丈。

1. 网络成瘾的弊端

❶ 中职生的世界观、人生观本来就还没定型，在网游里不良行为做多了，难免受影响。

当虚幻跟现实的分界开始混淆之后，玩家在处理事情的时候便会下意识地套用游戏里的虚拟规则。从这一点来分析，像北京蓝极速网吧的纵火案，有些中职生因玩游戏经常失利杀人等事件，都不难看出玩家心态从量变到质变的过程。

❷ 网络游戏是看不见的杀手。

据调查显示：中职生人群中玩网络游戏一年以上者，有视力下降、记忆力下降、注意力分散的占到了 81.2%。经常使用计算机的人中，有 31.2% 的人患有“干眼症”。长期上网，很容易患上眼睛方面以及脊椎方面的疾病。同时，心理上也会对网络产生依赖，而对现实生活失去兴趣，导致学习成绩下降，出现情绪低落、记忆力减退、兴趣丧失、精力不足、焦虑不安等病症。

试一试

你对网络有强烈的依赖感吗？假若有，你打算怎样克制？

❸ 严重影响心理素质并导致人格异化、人际关系缺失。

长时间玩游戏会产生幻觉，影响智力发展，心理上会产生焦虑情绪；一旦停止网络游戏活动，难以从事其他有意义的事情，形成精神依赖和相应的生理反应；会使人格发生明显改变，变得自私、怯懦、自卑，失去朋友和家长的信任。良好的人际关系是中职生顺利实现社会化的重要途径。沉溺网络游戏，势必大量占用有效时间，与老师、同学交流、沟通减少，逐步出现人际关系障碍。网络成瘾的学生一般都会与老师、同学产生交往障碍，产生较深的“代沟”问题。常表现为：不尊重他人、以自我为中心、过于功利、过于依赖、妒忌心强、自卑、敌意、偏激、退缩、不合群等，甚至产生自闭倾向，还可能诱发犯罪。

❹ 降低社会责任能力，侵蚀社会的道德水准。

一旦沉迷于网络，就大大减少社会交往和专业学习，其意志品质、自制力、交往能力变得更加脆弱，社会责任感也更加淡薄。个别内容低级，带有利己主义、拜金主义色彩的网络游戏，对沉迷其中的中职生会散布低级趣味的精神污染，从而使中职生失去理想、道德感，甚至失去做人准则。过于接受网络游戏潜移默化灌输了为自我利益可以不择手段的理念，还谈何社会的道德水准和社会责任？在无序的网络世界提倡网络道德确实必要。

2. 学校应采取的措施

- 要客观对待、正确指导中职生上网，在平时的教学中，要把虚拟世界和现实生活结合起来，寓教于乐，使网络成为促进学习的工具；同时，利用校园网，布置中职生做网上作业，组织他们利用电脑编辑小报或制作网页，在校园网上相互交流，相互促进，共同提高。
- 教育中职生要懂得自律、自警、自爱，提高他们对“网络陷阱”的鉴别能力，随时警惕网络“虚拟游戏”的危害性和毒害性。
- 提高家长的网络管理水平，让家长管理好家里的电脑，正确引导中职生上网，对网站实行安全审查，不让“色情、暴力、恐怖”等虚拟画面进入他们的视线，随时检查下载的信息，一旦发现问题，及时消除，正确引导他们健康成长。

3. 中职生应警惕的网络游戏陷阱

❶ 收取“点卡”费后，莫名蒸发。

网上有许多流行的游戏点卡（即给游戏账号充值）销售，但往往是买了点卡后使用不久，账号却已无法使用。网络公司随后杳无音信。

❷ 谎称“代练”，收费后盗装备。

有些人为了提高自己的游戏级别，找到“网络游戏专业网”付费购买“代练”（代网民练级）服务。往往不仅要付费，而且还要将游戏账号、登录密码等资料告知对方。对方若是不法分子，不仅不会依约代为练级，反而会盗窃付费者“网上仓库”中的“高端武器”。

❸ 暗装“木马”程序进行“网窃”。

不法分子用QQ发消息称，可以“特价”出售高级装备。玩家一旦登录其指示的网站或QQ号，不法分子安装在网站或QQ号中的“木马”（一种黑客软件）程序，便侵入玩家电脑。玩家以后进入网络游戏，其账号、密码立即“外泄”，不法分子再进行“网窃”。

❹ 格式合同中存在不合理条款。

网络游戏给消费者安装的服务协议是单方面的，如果网络环境或者游戏服务器出现问题，造成消费者使用的游戏账号数据丢失时，消费者无法得到赔偿或是补偿。

❺ 点卡余额。

目前，通行的点卡，无论是包月还是计时，当消费者停止使用网络游戏时，卡中的剩余部分都是不予退还的。消费者在购买了点卡以后，如果在一定时间内不使用，点卡就会过期，致使无法使用。

❻ 盗取用户资料。

消费者进入网络游戏后，在游戏运营商官方网站注册资料，有些网络运营商擅自对资料使用、复制、公开播送，侵害消费者隐私权。

❼ 信息不对称。

网络游戏运营商在格式合同或者官方网站上，没有列出网络游戏运营商的主要服务事项，即不保证服务质量。

你知道吗

健康上网，拒绝沉沦

为防止中职生对网络游戏上瘾，学生应自觉做到以下几点：

◆ 努力做到遵守校规校纪，养成健康的学习、生活规律，不到校外网吧上网，绝对杜绝通宵上网。

◆ 学会利用网络进行科学研究，学会利用网络发展自己，充分利用网络资源提高学习效果、工作水平和综合素质。

◆ 遵守网络公共道德规范，严格自律，杜绝不健康上网方式。

◆ 建立同学自己的网站，用健康、有价值的信息填充网络空间。

◆ 建立对游戏软件的审查制度，制订游戏产品的评审分级标准和分级管理制度，定期向社会公布不适宜中职生玩的游戏名称。

◆ 对于网络游戏已经成瘾的同学进行适当的心理咨询。通过心理健康咨询与指导中心工作，帮助患有不同程度“网络成瘾症”的学生尽快走出困境，回到正常的生活与学习中来。对有网络游戏成瘾症的学生，可采用适当的心理治疗手段来矫正。认知行为疗法为最常见方法。

1. 中职生应该如何培养良好的上网心理素质？
2. 如何防治通过电子邮件传播的计算机病毒？
3. 中职生在面对网络不良信息时应该如何进行自我调节？
4. 简述应对网络欺诈的措施。
5. 试述网络成瘾的弊端。

第五章

学生心理问题安全教育

教学目标

中职生心理尚未成熟，许多因素都可能导致学生出现心理问题，如何引导学生积极健康地发展是学校十分重视的问题，学生也应了解和审视自身，学习和掌握心理调适的方法，正确应对在生活、学习以及未来求职就业中所面临的挫折和困难，保持良好的心态，防止心理疾病的发生。

教学要求

认知： 认识心理健康对个人发展的重要性，中职生要正确看待学业、恋爱、交友、就业等方面的问题。

情感： 完善学生品格，提高修养，重在培养心理素质。

运用： 拥有健康心态的人才会有益于社会和他人，预防和控制心理安全危机才能促进个人事业、人生的蓬勃发展。

2008 年，19 岁的邓建军跨出江苏省常州轻工业学校的大门，进入“黑牡丹”前身第二纺织厂工作。就这样一名普通的中专毕业生，经历了 17 年的磨砺，藐视一切试图阻挡他前进的步伐的难关，敢于向高新技术挑战，也把“黑牡丹”这朵奇葩培育得更加娇艳。邓建军在世界纺织业中率先破解连续生产不停车的牛仔布纱线染色的难题，他研制的“颜料组分分析计算机控制系统”填补了世界空白。邓建军高超的维护设备的能力，让日本客商大呼见识了“中国功夫”。他拥有许多令人羡慕的光环：新世纪全国首批“能工巧匠”、“全国职业道德建设十佳标兵”，享受国务院特殊津贴。邓建军的故事传遍大江南北。

知识点 1　学习、就业过程中的心理问题

心理危机 **是指某种心理上的严重困境，当事人遭遇超过其承受能力的紧张刺激而陷入极度焦虑、抑郁、失去控制、不能自拔的状态**。职业学校学生的心理安全危机问题涉及学习、就业、人际交往和生活的各个方面，有些学生在学习上没有动力，不知道自己想学什么或者能学到什么；有些学生对就业期望值过高，因而择业时面临种种困境；有些学生自我中心强烈，人际关系紧张；有些学生由于缺乏正确的恋爱观而陷入苦恼之中……在遭遇心理安全危机时，除及时进行心理咨询外，学习必要的自助和助人的心理知识，掌握一些应付心理冲突、心理紧张和心理压力的方法与技巧，许多心理问题就会迎刃而解。

选择就读职业技术学校的学生大部分是中考成绩居后者，他们以失败者的低落心态进入职业技术类学校。学习中，缺乏学习的积极性和学习动力，缺乏责任感和自信力，对今后发展缺乏目标指向，没有升学的内需力。这些学生在初中大都没有形成良好的学习与行为习惯，自律能力较差，违纪违规现象时有发生。同时也易产生严重的心理危机。

一、学业受挫

1. 预防措施

健康的学习心理是职业院校学生顺利完成学业、取得优异成绩的前提条件，是提高学习效率的保证。

（1）树立“行行出状元”的成功意识。社会上很多人鄙视职业教育，认为上职业院校不能成大才，一心想让自己的孩子考上名牌大学。然而在德国、加拿大等发达国家，职业教育毕业生就业与薪酬要比普通高等教育毕业生好和高得多，同样在我国许多本科毕业生面临就业难而选择职业学校回炉，说明职业教育大有可为，一样可以成才。同学们读了职校并不意味着你的选择是错的，没有考大学也不意味着你比别人差，更不意味着你就没有资格梦想未来。问题的关键在于你如何把握自己。

（2）树立正确的学习态度。学习态度不是与生俱来，而是后天习得的。树立与培养积极主动的学习态度是同学们走向成功的基石。首先要端正学习动机，建立良好的学习需要机制，使学习由外在需要转化为内在需要，由被动转为主动。其次要养成良好的生活习惯，树立勤奋刻苦、严谨求实的学习态度。最后要提高自我认知和自我控制能力，克服不良的学习习惯。

（3）正确剖析自己，从现在做起。“人往高处走，水往低处流”。谁都希望自己成为生活的强者，但世间许多事往往难遂人愿。许多同学由于学习成绩不佳考入职业院校，常陷入痛苦、无聊、失望、矛盾等消极情绪之中无力自拔，甚至自暴自弃。其实成绩不好只表明你高中或初中阶段没有利用好“读书”这个帮助自己迅速发展的方法，而进入职业院校学习成绩并不是最重要的，找到适合自己的发展途径才是最重要的。因此中职生要转变观念，增强自信，坚信“别人能行，我也一定行”！正确分析中考或高考失败原因，从现在做起，从点滴做起，改进学习方法，弥补以前学习知识的缺陷，严格要求自己，坚持不懈，日积月累，去挖掘自己的潜能，就一定会有所成就！

2. 应对措施

职业院校的学习内容往往较多、老师讲课方式不同于中学教师，初中阶段的学习方法也已经不适用，因而在开始阶段，部分同学常常表现出不良的学习心理反应。因此，要及时改变学习方法、激发学习动机、正确应对考试。

（1）**正确处理知识与技能的关系。**职业教育突出学生技能培养，但并不意味不注重理论知识的学习。

❶ 处理好职业技能与理论知识的关系。

职业教育知识体系强调“理论知识够用为度，实践技能适用为度”，理论知识是学习实践技能的基础，因此在注重实践技能学习的同时，必须学会必需的理论知识，不断完善自己的知识结构。

❷ 处理好职业知识与其他知识学习的关系。

长期以来，职业教育侧重知识的传授和讲解，注意基本技能和业务能力培养，忽视甚至出现取消人文教育的倾向，导致学生普遍缺乏文化知识和人文素养。而对企业进行测评，学生存在的问题依次为：对环境适应能力差，尤其不适应企业文化；缺乏吃苦精神，过多考虑个人利益；缺乏基本的职业忠诚感；责任意识和诚信意识低下。从教育方面追寻原因，完全归结于缺乏人文素质教育。因此注重人文知识学习对同学们成长极为重要。

❸ 处理好课堂学习与课外文娱活动的关系，学会知识共享。

课堂学习具有一定的统一性、明显的认知性和稳定性的特点。而课外娱乐活动具有丰富的多样性、灵活的选择性和一定的实践性、创造性，可以促进个性的和谐发展，可以扩大交际范围，启发智力。处理好二者的关系，发挥两方面的优势，能更好地促进自身健康成长。

如今互联网正从数据共享、信息共享逐步向知识共享的方向发展，使得任何掌握某种特殊知识的人都有可能成为一种教育资源，而且任何人都有可能共享这些资源。

（2）**自我激发学习动机。**也许同学们在进入学校前可能听到：“现在中职生找工作都难，读职校更没有多大出息”“读职校纯粹是浪费时间和金钱……”殊不知，最近三年职业院校的就业率一直高于本科院校 10 个以上百分点。因此同学们应该及时克服种种偏见和错误认识，放下思想包袱，激发起深藏在自己心底的学习动机，去努力地学习，把握每一个学习的机会！

❶ 换个角度认识自己的学校，掌握主动权。

同学们现在所就读的学校是客观存在的，无法即刻改变，但可以充分发挥自己的主观能动性，扬其长，避其短，用你的生命力去最大限度地吸取学校为你提供的水分和养料，使你尽快成长为一棵参天大树。同学们一定要有：“今日我虽不能以母校为荣，他日母校一定以我为荣”这样的理念。

❷ 相信自己能够成材。

生活的路有万千条，条条大路通罗马，不一定非要去挤高考“独木桥”。要知道，现代社会对人才的需求是多方面、多层次的，不管从事何种职业，只要你有能力，那你就是一个人才。

❸ 逆风前行，自我激励。

生活中许多人失败并不是某件事对他太难超过了他的能力范围，而是他不够自信，没有足够的勇气和信心去尝试，害怕失败，害怕他人嘲笑。因此，问题的关键不在于你在何处读书，而在于你是如何利用已有的学习条件发展自己的能力，逆风前行，并付出实实在在的努力，便一定会实现自己的梦想！

（3）自我养成良好的学习方法和进行技能学习。学习习惯和学习方法对一个人的成功学习是非常重要的。因此同学们可以尝试从以下几个方面做起：课前做好预习和必要的准备；课堂上集中精力认真听讲；课后及时充分复习和独立完成作业；珍惜时间，今日事，今日毕；学会自学，学会自我监控，合理利用学习资源；重视技能学习，多练习、多钻研、多实践。

在学习技能时，要认真倾听教师的讲解，理解技能学习的情景和任务性质，对自己技能学习的难度、应注意的问题要有心理准备。在技能学习的过程中，要把注意力放在技术操作上，而不要过多地注意目标，防止信息负担过重。如果某一动作或操作确实复杂，不要急于一下子掌握，可以慢慢来。将操作过程分为几步，掌握一步后再学下一步，多向老师同学求教，坚持下去就一定能学会。

你知道吗

如何调节考试焦虑

◆ 平时努力学习，考前接受现实。

◆ 正确认识考试焦虑：适度焦虑有助于考试水平的发挥，过度焦虑会对自己形成抑制作用，因此要坦然面对，承认事实。

◆ 增强自己面对考试的能力，要相信自己只要平时脚踏实地地努力，冷静面对考试，就能正常发挥水平。

◆ 学会积极地自我暗示，进行自我放松。若考前紧张，可暗示自己“我平时学得很好，只要真实去考，就一定没问题……”考前保持足够睡眠，进入考场可做深呼吸或闭目养神来进行自我放松。

二、就业受挫

小张面临毕业，最近老是心神不宁。一会儿感到自己在职业学校这三年什么都没有学到；一会儿又觉得自己仅是个中职生，工作肯定不好找；一会儿又联想到工资待遇会很差，自己肯定不甘心。在面对就业岗位和用人单位时，他精神恍惚，手中精心准备的求职材料被捏出了汗，仍然无所适从。

社会上很多人对职业教育还不能正确地接受和对待，家长们也把目光主要放在高校上，一心想让自己的孩子考上名牌大学，觉得职业学校没有大的发展前途，而中职生朋友也不能以一个合理的心态来对待自己的未来就业安排。

早在 2005 年 7 月，在北京召开的“全国职业教育工作会议”中，温家宝总理在讲话中指出，大力发展职业教育，是推进我国工业化、现代化的迫切需要，是促进社会就业和解决“三农”问题的重要途径，也是完善现代国民教育体系的必然要求。国民经济的各行各业不但需要一大批科学家、工程师和经营管理人才，而且迫切需要数以千万计的高技能人才和数以亿计的高素质劳动者。预计到 2020 年，我国需要提供的就业岗位将会从现在 7.5 亿增加到 8 亿，而现在全世界所有发达国家加起来占有 4.3 亿个就业岗位。在一个国民的一生当中，真正从普通小学一直读到研究生这条路其实很窄，而面积大、量广的恰恰是我们终生教育当中最活跃的职业教育。所以，今后的职业教育有可能成为终身学习的核心，而我们的职业教育就是终身教育，就是谋生教育。

职业教育在社会中的重要作用显而易见，同时它的前景是如此美好，面对这些，又有谁能说职业教育不如文化教育，又有谁还认为职业教育没有任何发展前途，又有谁能否认职业教育对于一个人发展的巨大作用呢?

但是，随着社会主义市场经济体制的逐步建立，劳动用工制度和就业渠道发生了重大变化，不包分配、竞争上岗、择优录用的机制已经形成。对于职业学校的学生来说，就业难度加大了，面临挫折时该怎么办呢?

1. 预防措施

同学们要想在毕业求职时顺利就业，就必须在三年的学习中做好充分的心理准备，勤奋学习，充实提高自己，为成功的求职做好准备。

（1）了解和培养自己的职业兴趣。职业兴趣是人们在心理上对某种职业的强烈追求和热爱。不同职业兴趣的人对不同的职业产生的心理倾向不同。职业学校学生的可塑性大，是培养职业兴趣的最佳时期。既要培养兴趣的广泛程度，又要培养职业兴趣中心，即最浓厚、最集中的兴趣。

同学们毕业后，打算找一份什么样的工作呢？一定要从现在做好准备。

(2) 提高自身素质。随着市场竞争的日益激烈，用人单位越来越看重人才的素质。从求职角度说，人的基本素质包括基本职业能力（注意、记忆、观察、思维、想象等）与特殊职业能力、自我推销能力、心理承受能力、合作共处精神、爱业与敬业精神。

(3) 形成良好的求职心态。良好的求职心态能帮助学生冷静地分析求职形势，坦然地面对择业竞争，乐观地克服就业挫折。充满自信是就业成功的前提。灵活地根据客观情况和自身条件，调整期望值，拓宽求职范围，是非常重要的求职策略。

(4) 利用好各种职业信息。在瞬息万变的今天，及时、准确、广泛地了解和掌握职业信息，对毕业生来说尤为重要。通过各种渠道获得的信息，要去粗取精，去伪存真，分清主次，抓住重点。不要轻易相信马路上、电线杆上的招聘启事。对于有的重点信息，尽管与自身特点相近，但若需求量不大，竞争又比较激烈，自我衡量又缺乏竞争优势，则最好不要将其排入首选之列，以免错过其他重点信息。

2. 应对措施

三年学习结束后，同学们都希望通过双向选择顺利获得自己喜欢的职业，并在工作中干得满意、开心，使自己的愿望尽早实现。然而，同学们求职时往往遭遇许多困难，到了工作单位也不尽如人意。因此，同学们要有足够的心理准备，学会调节自己的心态去面对和适应新问题、新环境。

(1) 正视社会现实。在择业过程中，只有了解社会现状，才能更好地正视社会、适应社会，进而发挥自身潜能，为社会做出贡献。我国就目前来说，生产力水平还不够高，社会为中职学生提供的就业岗位不可能使每个人都非常满意。供需形势也不平衡，边远地区、艰苦行业、基层和第一线急需人才。另外，我国的就业市场还不太规范，还需进一步完善，用人单位自主权扩大以后，对学生的要求更加严格。这些都是社会现实，同学们应积极应对，一切从实际出发，处理好理想和现实的关系。

(2) 及时调整择业期望。有的同学往往由于对工作环境、工资收入、福利待遇、职业地位等要求过高，而使求职遇挫。同学们不妨调整期望值，放下包袱，分析失败原因，采用“分步达标”的办法，先就业再择业，最终实现自己的愿望。

(3) 调整心态，充分准备。及时了解招聘单位情况，做好求职前的必要准备，如求职资料、服装礼仪等。求职面试时要怀着“我一定会成功”的坚定信念，注重面试技巧，适时推销自己。

(4) 融入新环境，适应新岗位。到了新的工作单位，同学们要以积极的心态主动参加单位的各项活动，尊敬领导和同事，团结他人，尽快适应新的工作环境、生活环境、职业岗位和人际环境。

(5) 谦虚谨慎，敢于竞争。刚参加工作的学生往往志向远大，但由于缺乏经验，工作中难免弄巧成拙，因此，在实际工作中，对领导、同事的善意批评要正确认识，虚心接受别人意见，平时要主动干一些打开水、清扫卫生等小事，从小事做起，一步一个脚印。但也要敢于竞争，要有积极的竞争意识，要从实际出发，充分考虑自己的专业、性格、爱好，扬长避短，关键时刻显身手。

（6）放眼未来，再展宏图。由于种种原因，中职生学非所用的事时有发生，有不少学生很难找到满意的工作，要么是专业对口但地域偏僻或工作在基层，要么就是地域优越但专业又不对口。对于这些问题，同学们要从长远计议，正视现实，适应现实，放眼未来。要想到“三百六十行，行行出状元”。职业是自己生活的起点，只有全身心地投入其中，才能使自己成长、发展、充实、满足，从而实现人生价值，达到服务社会的要求。有理想、有抱负的青年中职生最应该到祖国最需要的地方去建功立业，大展宏图。

（7）树立“主动适应社会、善于经营自我”的就业思想。通过学校有关部门、社会就业咨询机构、电脑网络等搜集就业信息，并进行有针对性的排列、整理和分析，走出自卑、羞怯、保守、攀比、短视的心理误区，应相信自己在学校所学的知识、技能能够适应招聘单位的需要。此外，还应掌握应聘技巧，学会推销自己。

你知道吗

制作简历的几点建议

◆过长的简历毫无作用（简历的长度和厚度）：招聘者平均在每份简历上花费 1.4 分钟。一般会阅读 1 页半材料。过长的简历毫无作用，而且不容易突出重点。在简历后附上一大堆证明材料的做法并没有增加录取机会，但没有发现负面的影响。就按照社会上一些专家的一贯招聘经验，首先看的是工作经验这一项，其次看个人评价和所获培训等，因此，在简历的后面附上一沓毕业证书等复印件就根本用不着，这些一般在初试通过后单位才要求提供。

◆传统信件的投递效果会更佳：通过 E-mail 和网站递交的电子版简历，得到的关注比通过邮件要少，平均会减少 23 秒左右。此外，我们发现会有约 5%的电子简历会由于网络或其他问题没有被招聘者看到。因此，我们建议仍然通过传统的邮件方式，除非雇主明确表示出偏向性。

◆硬性指标要过硬选择方法：约有 20%的雇主承认他们会使用一些级别较低的助理人员来处理简历，这些人员会有一些硬性的选择标准。另有 45%的雇主认为他们进行初选时，也基本只看这些硬性指标。常见的标准以雇主使用的频繁程度为序：六级英语证书；户口；专业背景；学校名声；在校成绩。值得注意的是，这些标准不一定会在招聘要求中注明，但自己心里一定要有数，相关的信息一定要全。

◆总体印象比所学课程重要（简历内容）：只有 23% 的人能在半小时后大体描述他所看过的学生简历上具体活动和职位。他们只有一个对学生性格的总体印象。所以，是学生会副主席还是部长并不重要，关键是你不要给人留下一个书呆子的印象。但如果说谎，也容易被淘汰出局。很多简历上会列出自己的学习课程，只有 4% 的公司会仔细阅读。专家建议：你可以列出，但必须是重要的，而且不要超过一行。

◆ 简历表达好会增加录取机会（表达能力）：我们发现符合表达要求的简历非常重要。同一个人的简历，经过行家修改，可以增加 43%的录取机会。简历的常见问题是：表达不简洁，用词带过多感情色彩，英语表达不规范，过长无重心，格式不规范等。

知识点 2 人际交往中的心理问题

人际交往是人的基本需要，也是促进人们心理健康的重要手段。我们不能因为害怕与同学产生冲突，或因为和同学发生了冲突而减少交往，将自己孤立起来。同时，中职生自以为长大了、成熟了，行为成人化，却缺乏自制力，与人交往中容易感情用事，对社会认识过分复杂化，认为现在是“杂皮”当道，“杂皮”吃香，受武侠影视、小说影响，盲目崇拜武功，崇尚暴力，整天想着飞檐走壁，舞刀弄枪。什么事都扬言武力解决，这种学生不少，这类事件也经常发生。

一、同学交往

案例搜索

一天，小 A 和一些同学在教室里疯打，一不小心把小 B 的桌子碰倒了，桌上的东西洒了一地，小 B 放在桌上的眼镜也打烂了。小 B 立刻火冒三丈，大声嚷道：“没长眼睛吗？给我捡起来，谁打烂的谁赔！”小 A 看到小 B 盛气凌人的样子也十分生气，回骂道：“就是不赔，你敢怎样？”于是，两个人你一言我一语地吵开了。后来班主任也知道了这件事，把两个人都批评了一顿。从此小 A 和小 B 就像仇人一样，关系越来越差。对此，他们两个都很苦恼，都认为是自己受了委屈，对方应主动认错，才可以缓和关系。

1. 交往的原则

良好的同学关系建立在互相了解的基础上。要达到互相之间彼此了解，就要加强交流，在思想和态度方面加强沟通，课余时间多搞一些社交活动，如打球、下棋、郊游等，增进了解，培养友谊。其交往的原则一般有以下几点。

（1）关心他人。希望得到人的关心是基本需要，你越关心别人，你在他生活中的必要性将因之而得到增加，自然而然他也会转而关心你，一旦彼此之间互相关心，同学关系也就自然密切了。

（2）宽容别人。“人无完人”，任何人总是有缺点的，也总会做错事的，这些都是正常和不可避免的，对他人的缺点和错误能持一种宽容的态度，不要计较，别人会很感激并愿意与你交流的。

（3）完善自我。同学关系紧张的人，大都性格和习惯方面有些问题，应刻意改变自己的不良性格和习惯。

如果在人际交往中，人人都热衷于赞美他人，善于夸奖他人的长处，那么人际间的愉悦度将大大增强，同时注意夸奖别人并不意味着可以毫无顾忌，应遵守两个原则：第一，赞美应出于真心，所夸奖的内容应是对方确实具有或将具有的优良品质和特点；第二，夸奖的内容应被对方所在意。

你知道吗

注意自己的言行举止

- 服饰整洁美观。
- 习惯面带笑容。
- 注意言谈举止。
- 不要卖弄自己。
- 多多帮助别人。
- 善于赞美别人。

（4）保持适当的距离。有时我们对某人太好时，他反而不领情，离我们远远的。究其原因有以下两点：

其一，按互酬水平，你的关心，别人是要回报的，当他觉得自身能力无法回报你的关心时，他只好采取不接受你的关心，靠疏远你来维持人际关系的平衡。

其二，任何人内心都有自己的一个空间，只有自己拥有，再好的朋友，如果他不想让你进入而又无法回绝，只好采取敬而远之的态度。因此，人与人之间适当保持距离，为彼此的心灵留下一点空间，让彼此感觉到都是自由的，这样才愿意继续交往下去。

做好以上两个方面，相信你一定会处理好同学关系，全身心地投入到学习、生活中去。

2. 预防措施

（1）树立正确的人际交往观念。调查发现，大约有1/3的同学认为独处挺好，其中，大部分是人际交往障碍者；还有的同学认为人际交往是在拉关系，是效仿社会上一些不当行为的做法。可见，许多同学对人际交往本身的认识是不正确的。所以，在进行交往之前，首先要矫正自己对人际交往的认识，明白正确交往是人的正常需要，是光明磊落的行为，对人的身心健康有着不可替代的作用。

（2）正确评价自己和他人。正确评价自己和他人是避免在交往过程中出现问题的前提条件。同学在学习生活中经常会把自己与他人进行比较，以此来审视自己，这种做法无可厚非。但是，在与他人进行比较时，要选择恰当的标准进行客观地比较。

（3）保持积极健康的交往情绪。人与人之间的吸引和排斥主要取决于双方情感上的接近或疏远。积极的情绪和情感，如热情、快乐、亲切、满意等，能使人在交往中感到心境宽松，精神舒畅，有利于增进双方的友好关系；而消极的情绪和情感，如愤怒、冷漠、厌烦、憎恨、不满等，会使人感到精神紧张，心境压抑，这种不愉快的体验会阻碍人际沟通。因此，同学们要认识到情绪情感对于人际交往和身心健康的重要影响，学会调节控制不良情绪，学会合理转化消极情绪，在交流中更加理性、忍耐和克制，提高心理相容水平和亲和力。

（4）以诚相待，养成良好的个性品质，提高人格魅力。良好的个性品质和人格特征，如真诚、善良、正直、友好、信任等，有利于增进人与人之间的吸引力，有助于建立和维护良好的人际关系。而不良的性格特征，如自私、贪婪、虚假、猜疑、嫉妒、敌意等，则妨碍良好人际关系的建立，不利于人与人之间的合作和团结。所以，要注意塑造自己良好的个性品质，塑造完善的人格，在人际交往中以真诚、平等、友善、理解、宽容和合作的态度处理各方面的关系，提高自己的人格魅力。

（5）主动大胆地与人交往。人际交往应该是一种积极互动的过程，只有双方都主动一些，才能使交往正常进行，维持长久。客观地说，一个人的胆量是在后天的实践活动中形成和发展起来的，主动大胆地与人交往，能够锻炼自己的胆量。迈出了交往的第一步，以后的交往就不会显得那么困难。只要在连续的交往中积累经验，进行总结，就可以在以后的交往中发挥优点，克服不足，使自己在交往中做得越来越好，增强自信心和胆量，慢慢地就会乐于与人交往。

（6）不卑不亢，平等交往。人与人在人格上是平等的，尊重他人才能要求别人尊重自己。要对自己有信心，对别人有诚心，彼此尊重，交往才会持久。对中职生来讲，不论学习好坏，家庭背景如何，是否是班干部，长相如何，都应得到同等的对待，不要冷落集体中的任何人。在与他人进行交往时，要把双方放在平等的位置上，既不能觉得低人一头，也不能高高在上。

（7）求同存异，宽容为怀。与人交往时，既不能用一种标准去要求他人，也不能太苛求他人，要学会宽容，求同存异。交往是双向的，所以，宽容他人就等于宽容自己，苛求他人也就等于苛求自己。同学交往中的许多问题都是由于不宽容造成的，所以宽容原则非常重要。要能宽容别人，首先要理解别人，学会设身处地地为别人着想。而要真正理解别人，为别人着想，就要多交流，深入了解各自的性情爱好和价值观念，这样才不至于在出现问题后无端猜疑，引发不必要的纠纷。

（8）诚实信用。"君子一言，驷马难追"。许诺别人的事就要履行，这是信用原则的重要表现。当初一本正经地许诺，但后来却失信于人，会让人产生一种极强的不信任感，感觉你言而无信，缺乏交往的诚意，甚至会让人觉得你的人品有问题，这是人际交往的大忌。因此，同学们要认识到，许诺是非常郑重的行为，该许诺的许诺，不该许诺的不要许诺，要量力而行，许诺过的就一定要兑现。

（9）真诚互助。助人乃快乐之本，但关键要出于真诚。互助是一种崇高的道德力量，是一种纯洁友谊，绝不是斤斤计较的功利原则，并非"我今天帮助你，你明天必须报答我"的狭隘想法。互助要注重双向性、互利性，不能只索取不给予，但也不能只给予不索取，因为，这两种做法要么让对方觉得自己被人利用，要么会觉得给予是有企图的，很可能会使交往中断。事实证明，交往中互利性越高，双方的关系越稳定和密切。

3. 如何应对交往冲突

（1）学会换位思考。同学之间发生冲突，常见的是大家各持己见的争吵，都没有听进对方所说的有理的话，而是记住了那些攻击性、情绪性的话。虽然冲突双方会被劝开，但双方都憋着一口气，这种情绪如果不能及时释放，就会影响双方的关系及双方的心理健康。因此，在认识上要做到换位思考，即换个角度，站在对方的立场来考虑问题。具体做法是：找一个安静的地方，放两把椅子，你先坐在一张椅子上，想象冲突的对方坐在另一张椅子上，然后将你对对方的各种不满、意见和指责等都毫不隐讳地向"对方"表达出来；当你发泄完以后，你又坐在另一张椅子上，想象自己就是对方，对面的椅子上坐着自己，然后你再从对方的角度来一一回答你刚才提出的责难，并宣泄不满的情绪。通过以上"空椅子技术"，你不仅可以充分释放自己的情绪，还可以冷静地思考对方的理由、体验对方的情绪。当你和同学闹矛盾时，不妨试一试，用这把空椅子来缓解和消除冲突。

（2）尊重对方，学会宽容。每个人都有自己的个性特点，要尽可能地理解同学的需要，尊重别人的兴趣爱好，承认同学与自己的差异，不要轻易贬低同学的某些特性。不要总是看不惯别人，要用积极的眼光看待同学，避免个人主观认识上的偏差。不因同学的某个缺点就否定同学的一切。只有尊重同学，承认同学之间的差异，宽容同学的过失与错误，才能与同学们愉快地相处。

（3）加强沟通，摆脱孤独。同学们的年龄还比较小，文化知识和生活阅历有限，人际交往能力与技巧还需提高，有时不能把握好与同学之间的关系是正常的。因此，同学之间平时要多进行沟通，经常在一起谈谈心，充分地表达自己的思想，让大家了解自己的个性和特点，在同学心目中树立自己的良好形象。遇到问题时，大家放到桌面上，开诚布公、推心置腹地谈一谈，不要当面不说，背后乱说，伤了同学之间的和气。总之，沟通、交流可以帮助自己建立良好的同学关系，也可以使你在与同学交往中获得知识与信息，这对将来的职业发展都有好处。

（4）同学之间产生冲突比较常见的原因。产生冲突常见的原因是彼此之间在兴趣、爱好、信念、价值观、人格特征、行为习惯等方面的不协调，导火索往往是一些很小的事。虽然也知道只是件小事，但当时就是觉得气不打一处来，忍不住就会把自己强烈的情绪用激烈的方式表现出来，结果冲突就产生了。其实，只要大家心平气和地冷静处理，主动认错，与对方和好，就可以很快解决冲突，恢复同学之间的正常关系。

二、师生交往

社会关系体系是一个多因素的关系体系，既反映了社会经济、政治、道德关系，又包含为达到教育目标，完成教学任务的教与学的关系，也有情感行为的心理关系等。师生关系必然同一定的经济基础相联系并为之服务。在农业经济时代、工业经济时代的大部分时期教师处于“传道、授业、解惑”的主体，是主宰，是权威，学生只能被动地接受知识，师生关系必然体现着“师道尊严”。到了后工业经济时代，由于知识经济的到来，对个性发展的要求已日益强烈。教育途径的不断拓宽，教育管理和教育手段已逐步现代化、科学化，以教师为主体的活动舞台已逐渐被学生占领。因此，旧的师生关系势必遭受强烈的冲击甚至瓦解。

1. 构建和谐师生关系的意义

- 从教育改革的角度看，现代教育思想更注重“以人为本”，更注重培养学生能力和开发学生的智力，教育的过程是双方互动、共同促进和提高的过程。师生关系作为学校环境中最重要的人际关系，贯穿整个教育教学过程，这一关系处理的好坏直接关系到教育教学的效果、学校培养目标的实现，关系到学生的心理健康和全面发展。
- 在教育教学过程中，如果师生关系处于一种平等、信任、理解的状态，那么它所营造的和谐、愉悦的教育氛围必然会产生良好的教育效果；从学生的发展角度看，拥有交流能力、合作意识是事业取得成功的必要条件。优化师生关系可以为学生健全人格的形成与综合素质的提高打下基础。所以，构建和谐师生关系是时代发展、教育改革的必然。

和谐师生关系应该是教师和学生在人格上是平等的，在交互活动中是民主的，在相处的氛围上是融洽的。它的核心是师生心理相容，心灵的互相接纳，形成师生至爱的、真挚的情感关系。它的宗旨是本着学生自主性精神，使他们的人格得到充分发展。它应该体现在：一方面，学生在与教师相互尊重、合作、信任中全面发展自己，获得成就感与生命价值的体验，获得人际关系的积极实践，逐步完成自由个性和健康人格的确立；另一方面，教师通过教育教学活动，让每个学生都能感受到自主的尊严，感受到心灵成长的愉悦。

建立理想的师生关系是构建和谐校园的基础。《中国教育报》曾组织问卷调查，得出以下结论：

学生认为比较理想的师生关系应当是：老师、同学互相帮助，成为朋友，共同进步；老师不仅在课堂上、学习上关心我们，在课外也能和我们友好相处，不要时时摆出一副老师的架子；学生要对老师尊重，有困难能向老师诉说；对老师不要有恐惧感；老师能真正理解学生，上课是师生，下课是朋友；学生能体谅老师的苦心，融洽、无隔膜、坦诚相见，互相尊重，互相理解等。

老师认为比较理想的师生关系应当是：互相理解、互相信任、互相尊重，建立起民主、平等、亲密的新型师生关系；课上是老师，课下是朋友。

家长认为比较理想的师生关系应当是：上课时应该是老师，课余时像朋友；既是师生关系，又是朋友关系，孩子心中最信任的是老师，有心里话也愿意跟老师说；老师爱学生，学生尊敬老师，老师与学生像朋友一样。

总之，无论是学生、老师，还是学生家长，大家认为最理想的师生关系是师生之间建立良师益友的关系，即课堂上是师生，平时是朋友，互相尊重，互相理解。学生应当尊敬老师，老师应成为学生的朋友。

2. 对影响构建和谐师生关系因素的分析

知识的传授渠道在不断地拓宽而感情的大门却在不断地缩小，这不是危言耸听。多年来因受“天地君亲师”“师徒如父子”和“严师出高徒”等传统思想的影响；尤其是在“应试教育”的沉重压力下，师生关系被扭曲，师生对立的现象屡见不鲜。

“师道尊严”的传统观念在个别教师中仍然存在，他们放不下架子，不能平等对待学生，导致师生关系紧张。同时部分教师在管理、沟通上缺乏艺术，以管代教、以堵代疏，以批评代替教育的做法挫伤学生的自尊心，使得他们的行为得不到理解，拉大了师生间的距离，并造成学生的封闭心理或逆反心理。

在教学成绩这座大山的重压下，教师和学生都为“分”疲于奔命。不合实际的高要求，超负荷的作业量使得部分学生、教师都承受着巨大的心理压力。而部分教师对学习成绩不理想、不听话的学生讽刺挖苦，甚至变相体罚，使得那些学生受到排挤，个性、心理受到压抑，找不到成功的阳光，于是烦学、厌学、逃学。一边是负有责任心的教师在强制学生学习；另一边是丧失选择自由被迫学习的学生把教师的行为看成是压抑、侵犯，久而久之师生关系紧张、尖锐。

- 由于网络教育的到来，学生接受信息的渠道拓宽，从学校教学渠道获取信息的比例减低。而教师由于繁忙的工作获取社会信息量相对不足使得学生对教师的信任度和满意度降低。
- 成绩至上的评价方式根深蒂固，而全面客观的评价体系无法得到落实，使得部分学生的全面发展和个人潜能被忽视了，也造成师生关系的疏远。

扭曲师生关系的因素有种种，但它的根源在于我们教育思想观念的偏差和行为方式的不当。长此以往势必严重影响素质教育的开展。可以说，构建新型师生关系是素质教育必须具备的先决条件。

3. 如何维护和谐师生关系

（1）要客观全面地认识。老师总是从良好的愿望出发对学生提出种种要求，对学生出现的问题和错误提出批评，一般来说，老师是没有恶意的。当听到老师的批评时，首先要客观、冷静地分析，老师为什么要批评自己，自己哪些方面做错了，发生错误的主要原因是什么，自己应该从中吸取哪些教训，怎样做才最有利于解决问题和自身发展。

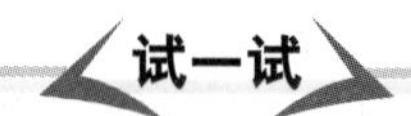

当老师安排你干一些能挣钱的活，你需要老师付报酬吗？

（2）培养尊师的真挚感情。古往今来，作为“传道、授业、解惑”的老师，都希望自己的学生“青出于蓝，而胜于蓝”。学生只有尊重老师的辛勤劳动，才能不辜负老师的希望。人不可能十全十美，老师也不例外，对于老师的过失，学生也应该原谅。

（3）掌握与老师对话的技巧。与老师交流中最重要的一点是要学会适当地表达自己的要求与意见。这里说的适当包括恰当的时候、恰当的语气和恰当的语言以及恰当的行为表现等。恰当的时候是指不要在老师的气头上、老师很忙或很烦的时候提出自己的要求。恰当的语气和语言是指不要认为自己理直气壮，老师就应该立即满足自己的要求，而应该尽量用商量的语气提出来。恰当的行为表现是指学生提出要求的时候必须是自己的行为比较好的时候。不要在老师批评你的时候，你反而向老师提出要求，这样会给人一种不礼貌，甚至是要无赖的感觉。

（4）帮助老师工作。帮助老师了解班级真实情况，负责任地提出自己的建议，做老师的小帮手。

三、社会生活交往

中职三年级学生小玲在学期小结中写道：这学期我们班李亮同学因为多次和校外社会青年一起打架滋事而被学校开除了。李亮变成现在这个样子，和他交友不慎、整天和社会青年在一起“混”是分不开的。现在社会很复杂，报纸上经常刊登由于结交了不好的人而误入歧途的事。但我们又十分需要朋友，我也经常在网上结交朋友，还交了笔友，有时就很担心自己会一不小心结交了不好的人而上当受骗。

许多同学像小玲一样，想和社会上更广泛、更复杂的人交往以扩大自己的阅历，这种愿望是很正常的。但一些同学社会交往的方法与技巧还比较欠缺，特别是对于社会上各种人的本质及其交往动机的辨别能力还不够高，对各种不良诱惑的自觉抵制能力还不够强，常常由于交友不慎而糊里糊涂地做错了事并越陷越深，就像李亮一样。同时，一些同学也会出现既想交往又怕交往的矛盾心理。其实，对各种人的认识与辨别能力的提高必须是在不断的社会生活与交往中进行的。我们既不能因为有坏人就不交往，也不能盲目交往，必须在交往中擦亮自己的眼睛，不断提高自己的辨别与交往能力，主动抵制不良交往。

人类社会的生存和发展，不可一日无交往活动。良好的社会关系，有利于自己的社会化，使自己学会许多社会生活能力，甚至可以帮助自己发挥潜能、促进事业的成功。

1. 中职生社会交往的安全措施

- 由于中职生年龄尚小，社会阅历较少，社会交往要谨慎，看交往对象有无恶习及是否待人真诚，面对有问题的人不能完全拒绝与之交往，但一定要尽量避免深交。
- 由于网络的虚拟性，网上交友一定要慎重，需掌握必要的自我保护的技巧。
- 现实生活中，有些人与你交往，不是为了建立一种良好的人际关系，不是为了相互关心、相互帮助，而是不怀好意，有着不可告人的目的，或者想得到利益、或想占有你、或想离间你和其他人的关系等。比如，有的同学在社会交往中钱被骗、东西被偷、人被污辱，更有甚者被拐卖。因此，对于不良的社会交往要有清醒的认识，坚决抵制不良交往。

2. 如何应对交往危机

- 不要轻信别人的“好话”。不良交往者往往利用某些同学单纯、年轻和心理不够成熟的特点，有意接近你，与你套近乎，借说话很投机，消除你心中的疑惑，让你信以为真，从而使你受骗上当。因此，在旅途中、在公交车上、在公共场所，一个人无缘无故与你搭讪，或者说很多讨好你的话，或者主动提出要和你交朋友，你得很小心，看他是否另有所求。
- 一般不要轻易让素不相识的人到宿舍、教室或者自己的家里，也不要轻易到陌生人家里做客、随便吃别人的食品，以免中了别人的圈套，上当受骗。
- 不要贪图小便宜。俗话说：“拿人家的手软，吃人家的嘴短。”例如，有人会主动讨好你，给你好吃的，或者送你一些小礼品；走在路上，别人捡到一个钱包或者一个金项链，要与你平分，你就要当心里面有没有陷阱。要切记：天上不会掉馅饼；不义之财不能要。
- 要用心学好有关法律知识，增强法制观念和道德观念，在人际交往中保持清醒的头脑，自觉抵制不良交往。

你知道吗

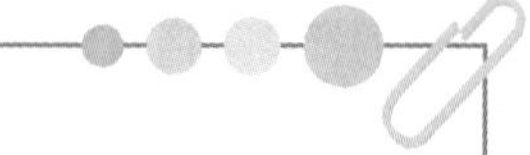

中职生社会交往的几大法则

（1）不值得定律。

不值得定律最直观的表述是：不值得做的事情，就不值得做好，这个定律似乎再简单不过了，但它的重要性却时时被人们疏忘。不值得定律反映出人们的一种心理，一个人如果从事的是一份自认为不值得做的事情，往往会保持冷嘲热讽，敷衍了事的态度。不仅成功率小，而且即使成功，也不会觉得有多大的成就感。哪些事值得做呢？一般而言，这取决于三个因素：价值观、个性和气质、现实的处境。同样一份工作，在不同的处境下去做，给我们的感受也是不同的。例如，在一家大公司，如果你最初做的是打杂跑腿的工作，你很可能认为是不值得的，可是，一旦你被提升为领班或部门经理，你就不会这样认为了。总结一下，值得做的工作是：符合我们的价值观，适合我们的个性与气质，并能让我们看到希望。如果你的工作不具备这三个因素，你就要考虑换一个更合适的工作，并努力做好它。因此，对个人来说，应在多种可供选择的奋斗目标及价值观中挑选一种，然后为之而奋斗。“选择你所爱的，爱你所选择的”，才可能激发我们的奋斗毅力，也才可以心安理得。

（2）手表定理。

手表定理是指一个人有一只表时，可以知道现在是几点钟，而当他同时拥有两块表时却无法确定。两只表并不能告诉一个人更准确的时间，反而会让看表的人失去对准确时间的信心。你要做的就是选择其中较信赖的一只，尽力校准它，并以此作为你的标准，听从它的指引行事。记住尼采的话："兄弟，如果你是幸运的，你只需有一种道德而不要贪多，这样，你过桥更容易些。"如果每个人都"选择你所爱的，爱你所选择的"，那么无论成败都可以心安理得。然而，困扰很多人的是：他们被"两只表"弄得无所适从，心身疲惫，不知自己该信仰哪一个，还有人在环境、他人的压力下，违心选择了自己并不喜欢的道路，为此而郁郁终生，即使取得了受人瞩目的成就，也体会不到成功的快乐。

（3）华盛顿合作规律。

华盛顿合作规律是：一个人敷衍了事，两个人互相推诿，三个人则永无成事之日。多少有点类似于我们"三个和尚"的故事。人与人的合作不是人力的简单相加，而是要复杂和微妙得多。在人与人的合作中，假定每个人的能力都为一，那么十个人的合作结果就有时比十大得多，有时甚至比一还要小。因为人不是静止的动物，人更像方向各异的能量，相推动时自然事半功倍，相互抵触时则一事无成。21 世纪将是一个合作的时代，值得庆幸的是，越来越多的人已经认识到真诚合作的重要性，正在努力学习合作。邦尼人力定律：一个人一分钟可以挖一个洞，60 个人一秒钟却挖不了一个洞。合作是一个问题，如何合作也是一个问题。

（4）零和游戏原理。

当你看到两位对弈者时，你就可以说他们正在玩"零和游戏"。因为在大多数情况下，总会有一个赢，一个输，如果我们把获胜计算为得 1 分，而输棋为-1 分，那么，这两人得分之和就是：1＋（-1）＝0。这正是"零和游戏"的基本内容：游戏者有输有赢，一方所赢正是另一方所输，游戏的总成绩永远是零。零和游戏原理之所以广受关注，主要是因为人们发现在社会的方方面面都能发现与"零和游戏"类似的局面，胜利者的光荣后面往往隐藏着失败者的辛酸和苦涩。从个人到国家，从政治到经济，似乎无不验证了世界正是一个巨大的"零和游戏"场。这种理论认为，世界是一个封闭的系统，财富、资源、机遇都是有限的，个别人、个别地区和个别国家财富的增加必然意味着对其他人、其他地区和国家的掠夺，这是一个"邪恶进化论"式的弱肉强食的世界。但 20 世纪人类在经历了两次世界大战，经济的高速增长、科技进步、全球化以及日益严重的环境污染之后，"零和游戏"观念正逐渐被"双赢"观念所取代。人们开始认识到"利己"不一定要建立在"损人"的基础上。通过有效合作，皆大欢喜的结局是可能出现的。但从"零和游戏"走向"双赢"，要求各方要有真诚合作的精神和勇气，在合作中不要耍小聪明，不要总想占别人的小便宜，要遵守游戏规则，否则"双赢"的局面就不可能出现，最终吃亏的还是自己。

知识点 3 正确应对恋爱中的心理问题

一、早恋危害

中职学生小王在日记中写道：我的目光被一个特别乖的女孩点亮了。她是我的邻桌，长长的黑发，水汪汪的眼睛，总是文静得不肯说笑，一副很忧郁、很乖的样子。每天，我都要分些目光给她，包括上课，我也会不自主地注视着她美丽的长发和清秀的脸颊。我无法控制内心的情感，当她离开了我的视线，我便会感到一种冰冷的失落。可当她与我擦肩而过时，我却没有勇气多看她一眼。我幸福并痛苦地活着，忘乎所以地陷入了一种相思的状态。我的心如断了线的风筝在茫茫黑夜里无助地飘荡，我的痛苦谁人能懂？

在花季岁月中，异性交往是一个颇为敏感的话题。当你在交往中遭遇“爱”的火花时，该怎么办呢？首先要明白早恋的危害。

1. 影响学习，缺乏自控

中职生由于单纯，他们很难调节自己的情绪，早恋中的情感往往表现得很投入。迷恋中，大多情意绵绵、精神恍惚，看不进书，严重影响到中职学生的学习，这对正在担负紧张学习任务的学生危害极大。根据笔者与早恋者的交流和谈话，发现原来学习成绩很好的学生，因为早恋，大都学习成绩急剧下降；热衷于卿卿我我的学生，往往缺乏远大的理想和抱负，他们精神空虚、思想浅薄、不求上进，学习上没有明确目标，得过且过，喜欢游离于集体以外。处于青春期的中职生对爱情的认识较为简单，会将一般正常的关爱、友情、敬佩等情感理解为爱情，并将肢体接触作为恋爱的标志。由于性道德观念的形成滞后于性机能发育的成熟，他们在情感上好冲动，自控能力有限，容易受到越轨行为的伤害。

2. 缺乏判断，感情不稳

早恋的中职生由于评价方面的不成熟，很难从思想品质、才华才能以及人生观等方面对自己和他人做出深刻、全面和切合实际的综合判断，他们对爱情的责任感尚不具备。他们大多以影视偶像、书刊情节为标准来寻找异性朋友和演绎情感，偶像的虚幻性、完美性较之现实中的人和生活有着较大的差距，加之受偶像角色和书刊情节多样性的影响，他们的恋爱随着神秘感的消失，更多的不满足随时出现，不专一和不稳定性是早恋的普遍现象。不稳定的恋爱关系对心理承受力弱的学生会造成长期的伤害。

3. 人格变异，引发犯罪

早恋对中职学生的身心健康十分不利。他们虽然在身体发育、心理发展方面接近成人，但毕竟还处于智力发展和人格形成期。中职生过早地把精力放到恋爱上面，除了影响正常的学习和生活外，还由于会受学校、家庭、社会不认同的影响，增加秘密交往中的压力与恐惧感，心理上的负担与相互的依赖，不仅会有碍于智力的发展，而且还会造成性格上的缺陷和个性发展的障碍。同时，个别学生在早恋中由于法律意识淡薄和受经济上的困扰，加上色情文化对他们的侵害，走上了偷窃、侵害未成年人的犯罪道路。

二、预防中职生早恋的相关措施

尽管早恋现象的出现符合中职学生生理、心理发展的规律，但会对他们的身心造成一定的危害，在实际的工作实践中，要加强教育方法、辅导方法、工作规律的研究，寻求有效的对策。

1. 学校方面的宏观措施

（1）加强青春期的教育，开展心理咨询活动。由于青春期学生心理的成熟滞后于生理的成熟，对性的困惑和不解同样无法适应性生理的成熟，而家庭又不可能系统地帮助学生解读相关的知识，所以学校必须承担性教育责任。学校对与性有关的教育应该是综合和系统的教育。这项工作主要包含伦理道德教育和法律教育、性生理和性心理知识、心理咨询与辅导。

性生理和性心理知识教育要注重性知识教育和伦理道德教育有机结合，与健康教育有机结合。通过生理和性心理知识性教育，使学生能正确对待随着自己身体发育而出现的生理现象，预防有害习惯的形成，帮助他们减轻和缓解由于生理成熟产生的各种体验冲动，避免由于出血和遗精而带来的惊恐、不安和负面反应。性伦理道德教育和法律教育使学生了解有关性的社会评价与规范要求，以及爱情的责任与情爱美学的含义，帮助他们确立性道德行为的自控意志和正确的人生观、道德观，使他们能理智地把握和度过青春期的情感特殊期。

当然，性教育在具体的实施中有很多难点，特别其对象是中职学生，在方法上要采取直接与间接结合、讲授与参观讨论结合、集体与个别辅导结合、学校家庭与社会综合工作结合等。努力营造宽松与自然的学习气氛，以缓解私密、羞涩和不敢直面的感觉。发现问题切忌粗暴与简单，避免将性知识教育仅限定为生理介绍，否则使学生产生进一步探究的心理，达不到帮助的目的。

心理咨询是性教育的重要组成部分，是针对个别情况采取的手术型教育，班主任和心理咨询教师具备丰富的经验、较强的亲和力和渊博的知识是工作的前提。工作中首先须建立个案，分析成因，筹划工作策略，把握分寸，逐渐推进，使受辅导的学生心悦诚服地接受老师的意见。

（2）拓宽兴趣，开展活动，确立理想。青春期学生可塑性比较大，情感容易迁移。他们精力充沛，兴趣爱好广泛，但也容易受刚刚成熟的生理原动力的支配，过早地陷入对性爱的兴趣中而不能自拔。根据这一特点，学校应该发挥优势，组织学生参与丰富多彩的校园文化生活，如文学社团、读书演讲会、科技制作、文艺演出、体育比赛、踏青、集邮等活动，以拓宽学生的兴趣爱好面，将他们的意识和兴趣引导到关注社会的兴趣、求知的兴趣、创新的兴趣、运动的兴趣和文娱活动的兴趣等上面。要开展各类竞赛活动，通过价值体现的形式强化他们健康有益的兴趣，陶冶他们的情趣，充实他们的精神生活，释放他们旺盛的能量，转移和缓解对性爱单一的情感，减少接触不良视听物的机会，在集体活动中培养他们与人良好交往的习惯。这样有利于早恋的情感得到迁移，也容易及时矫正早恋行为。

学校与家庭要积极引导中职生确立远大的理想，并为之发愤图强，成为有用之才，同时也为未来获得美好的爱情生活创造必要的条件。鲁迅曾告诫青年人："不能只为了爱——盲目的爱——而将别的人生要义全盘疏忽了。"人有了理想，就有了精神支柱和追求的目标，就有了自控的动力和理智，会自觉地把旺盛的精力用在刻苦学习上，它能抑制盲目的早恋。

（3）创建良好的校风与班风，引导异性学生良好交往。对于每个中职生来说，生活在一个具有良好校风与班风的集体中，会使他们感到特别充实和自豪。而校风班风的形成需要每个集体中的成员共同来打造，良好的风气反过来可以为每个学生创设充分发挥活力朝气、增进团结互助、展示才艺才智的空间，重要的是可以有助于学生正常学习风气、良好性格和个性的形成，一定限度上可以制约早恋引起的危害发生。因此，学校必须着力扩展校园文化建设外延，从环境、制度、行为、特色等方面实施良好校风与班风的创建。

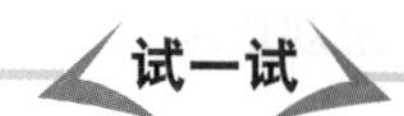

恋爱是为了结婚吗？请大家讨论恋爱与结婚的关系。

对青春期学生异性的交往，家庭与学校通常比较敏感，由于害怕异性交往会导致早恋，家庭针对学生的暴力行为不断增加，大多数学校制定了禁止的规定，并落实在处分中，这种做法其实适得其反，对学生长期的心理伤害更大，而且对早恋发展的势头并未遏止。苏联教育家马卡连柯指出："恋爱是不能禁止的。"罗伯兰·罗素认为："回避绝对自然的东西就意味着加强，而且是以最病态的形式加强对它的兴趣，因为愿望的力量同禁令的严厉程度成正比。"在学生实际的异性交往中，因为早恋有隐蔽性的特点，所以友情更为显现。交往的增加容易萌发早恋情感的机会，既然我们选择不是禁忌的办法，那就需要教育者以职业的敏感与责任做好引导工作。早恋的产生是复杂的，需要教育工作更为细心周全，避免简单粗暴，以使他们的友情健康发展，早恋情结得以缓解。

针对这项工作，一方面需要以人为本，尊重学生的人格，尊重他们之间的异性交往，为中职生创设一个宽松、自由、公开和健康的交往环境。另一方面让学生把握友情与恋情所体现的差别，友情具有不含性别指向以及公开性、广博性及非单一性特点，尚不对心理形成承载压力；恋情则有单一锁定性、私密隐蔽性以及初步责任与义务性等特点，对心理已形成承载压力。同时让异性交往学生尽可能减少单独相处，避免身体间的接触，通过集体活动与众多的朋友保持良好关系。

2. 学生自身的防微杜渐

（1）正确认识这种感情的意义与问题。当你面对突如其来的“爱”时，不要感觉羞耻，也不要惊慌，因为它是如此自然的来到，不带一点杂质。但是，这种感情也会产生许多问题和心理困扰，这也是许多老师、家长反对这种感情的主要原因。因为这种感情是复杂的，它既不是严格意义上的爱情，也不能说成是友情，它是一种易变的、成分复杂的感受，谁也不知道它将滑向何方。所以，在你欣赏这份感情的美丽时，也要理性认识它的问题，不要被一时的快乐蒙住眼睛。

（2）明确自己的主要发展任务，顺应这种感情。每个人在不同的人生发展阶段都有不同的发展任务。如果你希望将来有一个良好的发展前途，就必须关注自己的最主要的发展任务。同学们当前的主要任务是发展职业能力为将来的求职就业做准备。你的人际交往的主要任务是学会如何与人和睦相处，巧妙地解决人际间的矛盾，处理好人际间的情感变化，而建立恋爱关系则不是你当前应发展的任务。因此，如果你面对“爱”的来临，应从自身的发展任务出发，既承认这种感情的客观性又防止它的扩散与变质，在顺应中学会应付、控制这种情感的发生与发展，将它留在心中一个安全的位置，这样既不会破坏它的美丽，也不会妨害你的发展。

（3）在恋爱中要保持人格的独立性。因为独立性是衡量一个人成熟与否的重要标志，有独立人格的人不会因外界的变化而使自己轻易改头换面，一个人首先拥有了对生活的信念后、才会拥有真正的爱。因此，要想获得完美的爱情，必须保持个性的独立。

（4）正确认识爱与性的关系。爱情中包含有性的成分，性爱是爱情的自然基础，爱情的最终归宿是走向两性结合，成为终身伴侣。性中也包含有爱的成分，没有爱的性只是低层次的生理需要，性只有在爱情的婚姻中才能得到情感的升华。从一个人对爱情的态度，可以反映出人的精神面貌和品格。爱情不是柏拉图的精神式的恋情，但需要有这样一个类似柏拉图式的精神交往过程。因此，爱情对性的欲望有一种自然抑制力，它是真爱与性爱的分水岭。成功地处理恋爱问题的过程，往往也是一次人格提升的过程，恋爱中每一个矛盾的解决，都意味着人格向成熟和完美迈进了一步。

（5）丢掉与异性交往中的幻想。男女之间的感情是一泓清泉，不能乱投石子搅浑它。有些东西不能跨越，若盲目跨越，只能使你陷于污泥之中不能自拔。因此，丢掉与异性交往中的太多幻想，让你们的交往自然进行，不要盲目发展这种感情，不要认为这种感情会顺利地向自己期望的方向发展。所有不自然的、强求的做法都会让人产生太多的心理矛盾，而当你丢掉了不切实际的幻想后，你就能正确处理这份感情了。

（6）培养爱的能力。爱情是一种崇高的感情，是一个人内心世界圣洁的情愫，是人类崇高的理想和精神追求，爱情中体现着真、善、美。因为爱情是真的，它是真情的自然流露；爱情是善的，它不容忍任何邪恶的念头、任何利己主义的念头闪现；爱情是美的，是人类一切美好理想的源泉。但是，美好的爱情并不是轻而易举获得的。两人从相识后的相互了解到相恋后的相互适应；从单相思的焦虑到恋爱受挫的痛苦，往往由于自尊心的缘故不愿向人倾诉自己的苦恼，积累的负面情绪会进一步影响到学习、生活的各个方面，导致许多不良后果。因此，形成健康的恋爱心理，培养健康稳定的恋爱行为，处理好恋爱与学业的关系显得尤为重要。培养爱的能力，也就是说要想获得爱的能力必须不断学习，充实、提升自己。

（7）学会拒绝。拒绝是人际交往中的一项重要技能与方式，因为你毕竟不是有求必应的神仙。当对方的要求是你不能实现或不愿满足的时候，你应该学会巧妙地拒绝。正常而艺术性的拒绝不会影响同学之间的感情，反而有利于同学关系的发展。当别人的示爱来临时，不要慌乱，要慢慢抑制自己的兴奋，明确地表明自己的态度。如果你觉得自己无法处理好这件事，可以悄悄地寻求你信任的长辈的帮助，让他们指导你渡过难关。

（8）理智地对待恋爱挫折。恋爱挫折主要表现为失恋。摆脱失恋的痛苦，需要外界的帮助，但更重要的是提高自己的心理承受能力，增强心理适应性。失恋固然不是幸事，然而不是志同道合、个性契合，及早分手也并非坏事。失恋并非羞耻之事。任何事情的发展都面临着两种前途，恋爱也是一样。恋爱一次成功固然可喜，但这毕竟只是可能性，而不是必然性，所以谈恋爱就要有谈不成的心理准备，失恋也是情理之中，是无可非议的。如果能从失恋中发现自己的不足，并有所进取，那倒是从失恋中受益匪浅。

你知道吗

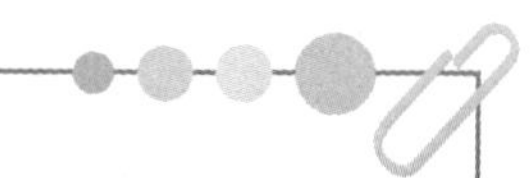

抛开单恋的烦恼

相对来说，单相思是人类爱的本能的一种形式，是人类渴望情爱的一种正常的心理反应。只是这种情爱并非建立在男女双方相恋的基础上，仅仅是个人的主观意愿。许多单相思的同学长时间地感到压抑和疑虑，带给自己不尽的苦闷与烦恼，让自己每天纠缠在虚幻的爱情罗网中，让自己疲惫不堪，影响自己的正常生活。其实，单相思也并非一无是处，它使你第一次那么细致、真诚而单纯地关注、关心一个人，你可以利用这种体验来提升你爱的能力，你也就能在生活中成为一个善良而讨人喜欢的人。所以，单相思也并不可怕，同学们可以了解它、控制它、引导它。面对单相思，最明智的办法是及时斩断情丝，收回自己的爱。因为爱是相互的，人家对你并无爱恋之心，那么你也该将爱很好收藏，并停止对对方的追求。当然，这需要勇气和自制力，当你发现你的爱竟来自虚幻时，感情上一时难以平静是正常的，你应该把自己的感情及时疏散和转移到其他方面上去，通过移情和移境，逐步把自己的注意力放到学习和自己的兴趣爱好等方面上来，经过一段时间的磨砺，你就会逐渐克服单相思的迷惘。

知识点 4 预防和应对自杀心理危机

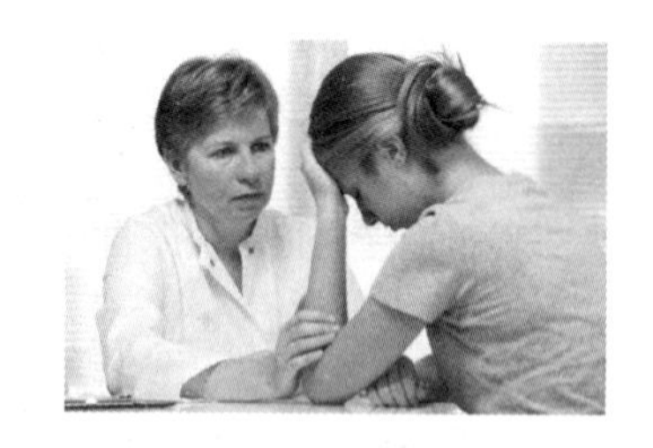

自杀者从遭受挫折、产生绝望到实施自杀通常有一个心理过程，即自杀先兆。自杀心理先兆是一种极度亢奋的状态，它表现为一种疯狂的宣泄行为，一般分为“身心反常”和“动作化”倾向两个阶段。“身心反常”是指怀自杀心理的人常表现紧张不安或不悦，生理上伴有诸如头痛、恶心、呼吸短促、手脚发麻等反应。凡是周围的人发现同学有身心反常的表现，作为学友和师长就要意识到该同学有自杀倾向。

“动作化”倾向是由于青年人的情绪具有冲动性、爆发性、极端性等特点，往往有过强的情绪冲动，而用“行动”表现其心迹。许多案例统计表明，从自杀预警到行为实施，历时达半年以上，故有充分的时间来预防。

一、中职生自杀的特点与心理阶段呈现

长沙某中职学生李××，在中学时是班上的“尖子生”，中考失利后进了中职院校，他总认为自己的成绩达不到自己的期望值，便沉浸在自怨自艾中，加上中学时过惯了衣来伸手、饭来张口的生活，独立生活能力差，以致进学校后生活难以自理，身体状况下降，患上了肝炎病而不得不住院治疗。这期间他的情绪极

度低落、抑郁，甚至拒绝接受治疗。他曾对护士和前来探望的同学谈论过自杀的一些问题，并说过诸如“我没什么希望了”“真想死了算了”之类的话。医生、老师和同学并未对此加以足够重视，只是安慰了他一番。后来一段时间，该生的心情逐渐好起来了，甚至还和前来探望的同学开玩笑，大家都以为他的心情真的好起来了。然而有一天他趁周围无人，悄悄溜出病房，在医院后山的一棵树上用一根粗麻绳结束了自己19岁的年轻生命。

从这例自杀案中，我们可以明显地看到，最初促成其自杀动机的原因有三个：成绩不尽如人意、生活适应能力差以及身体患病。这三个因素同时或相继出现在该同学身上，使他对生活产生了绝望。之后，他又试图通过拒绝治疗、谈论自杀渴求得到他人的帮助，但这种尝试又遭失败，因而坚定了他自杀的决心，最终导致了悲剧的发生。

1. 性格特征

中职生自杀行为，一般情况，具有如下特点：

自杀者大多数是性格执拗的人，他们在和别人的冲突中不易接受劝告，不愿和解，而是一意孤行。

经常遭受挫折后自暴自弃，表示活着没有意义，不再对工作、生活产生兴趣。

2. 自杀心理过程

自杀心理过程一般有以下三个阶段：

第一阶段，自杀动机的形成。

个别学生在遇到挫折或打击时，为逃避现实，将自杀作为寻求解脱的手段。例如，调查的案例中，有位中职生因生活自理能力差，对中职生活难以适应，成绩因此一落千丈，自己感觉生活毫无意义，便决定以自杀来寻求解脱。有个案例反映，自杀者借自杀作为对自己因做错了事而产生的悔恨、惩罚，作为自罪自责心理的补偿。如一位中职生在中学时，成绩一直在班上名列前茅，进入大学后，学习方法不正确，学习成绩一直不好，自感对不起父母和乡亲，在强烈的自罪自责心理驱使下便采取了自杀行为。此外，有的把自杀作为报复手段，从而使有关的人感到内疚、后悔和不安。如一位中职生的父母离异，父母对他的学习、生活不闻不问，给该生的心理带来很大的创伤。在学习上、生活上几经挫折后，该生便万念俱灰，想到了以自杀来报复其父母。

第二阶段，心理矛盾冲突。
自杀动机产生后，求生的本能可能使自杀者陷入一种生与死的矛盾冲突之中，难以最终做出自杀决定。此时，自杀者会经常谈论与自杀有关的话题，预言、暗示自杀，或以自杀来威胁别人，从而表现出直接或间接的自杀意图。实际上，我们可以把这些看做是自杀者发出的寻求帮助或引起别人注意的信号。此时，如能及时得到他人的关注或在他人的帮助下找到解决问题的办法，自杀者很可能会减轻或打消自杀的企图。这也是自杀行为可以预防和救助的心理基础。但周围的人往往认为常喊着要自杀的人其实不会自杀，因而不太关注欲自杀者发出的信号，以致痛失救助良机。
第三阶段，自杀者平静阶段。
自杀者似乎已从困扰中解脱出来，不再谈论或暗示自杀，情绪好转，抑郁减轻，显得平静。这样周围的人误以为他的心理状态好转了，从而放松警惕。但这往往是自杀态度已经坚定不移的一种表现，当然也不完全排除是自杀者心理状态好转的表现。因为发展到这个阶段，自杀者认为自己已找到了解决问题的办法，不再为生与死的选择而苦恼。因此，他们不再谈论或暗示自杀，甚至表现出各方面的平静。当然其目的也可能是为了摆脱旁人的劝说和注意。

3. 自杀伤害的防范

精神病，特别是抑郁症、精神分裂症以及人格障碍，均是引起自杀行为的常见原因。病人常常是行动迟滞，不愿回答问题，动作缓慢而吃力，表露出生活是一个不可克服的困难。

一般消沉、抑郁之后表现出空虚的欢快，待人异常热情。这是因为他们在自杀先兆期考虑是否自杀，思想上进行激烈的斗争，但一旦将要进入“行动期”时，决定结束自己的一切后，心理上又感到是一种解脱，表现出短暂的轻松、愉快，理智型自杀者常抓紧一切时间把可以做好的事赶快做完，将今后要做的事悄悄地留下遗信、遗嘱等。

自杀意念者办完自认为重大事情后，往往再度出现极度的消沉、麻木、失控等行为，踏上人生不归路。

总之，无论什么类型的自杀行为总是要在言语和行为方面留下各种蛛丝马迹。

二、自杀行为前的各种迹象

（1）认识偏差。认识上总是与大多数人不一样，与客观实际不相符。态度变得固执和偏见，不能与周围环境相适应。

（2）情绪偏差。表现得喜怒无常，情绪极不稳定，容易形成恐惧和怀疑心理。

（3）人格偏差。缺乏正常人的感情，对人冷漠无情，行为与动机不一致，偏离正常人的人格。

（4）**行为偏差。**表现出离奇或失常行为。实际行表现为以下“三低”：

- “一低”，即情绪低落，表现为心情不佳、心灰意冷，发展到整个精神充满悲观和绝望；常常感到做人没有意思，对亲人都无感情。
- “二低”，即自我认为脑子低能，联想困难，思路闭塞，回答问题从反应慢发展到答非所问；经常自责，后来发展到认为自己的工作、学习能力均丧失殆尽，变成废物，或自认为犯下弥天大罪，死有余辜。
- “三低”，即意志低沉，表现为整个精神活动呈显著抑制状态，从学习困难、生活被动发展到丧失主动性；各项活动显著减少，对事物反应滞慢，经常卧床、懒于梳洗，甚至生活不能自理。

三、中职生自杀的原因分析

中职生是一个特殊的群体。一方面，他们的身心处在青年期；另一方面，脑力劳动是他们的主要活动方式，用脑的频繁性和复杂性影响着他们心理的变化和发展。此外，他们的内心世界也相对较为复杂，他们的心理境界、需求、思想和价值观念等，不同一般。这些特征使得中职生的自杀行为表现出与一般个体不同的规律性。因此，我们研究这些自杀问题，应当从他们自杀的心理机制入手。

你知道吗

青年的典型心理特征

从发展心理学的角度看，青年期个体所面临的最大心理问题可归结为两点，即人格顺应和情绪控制。在青年期，一方面，社会化的要求和自我意识的发展促使个体与社会不断发生冲撞，产生一系列的矛盾，如学习、工作与恋爱之间的矛盾，理想自我与现实自我之间的矛盾等。能否有效地解决这些矛盾，决定了个体能否顺利地实现人格的良好发展。另一方面，性成熟需要的日益强烈使青年期个体处于“疾风怒海”的状态。日本心理学家依田新指出：“青年处于儿童和成人之间的中间世界，所以内心动摇大，情绪的紧张程度一般较高，对很小的刺激也容易引起强烈的情绪反应：一时陷入被打败似的悲痛里；一时由于有希望而昂首挺胸；一时又由于失意而俯首顿足。情绪如此不稳定，是青年期心理的一个特征。”能否调控这种具有两极性的情绪也是个体能否顺利渡过青年期的条件之一。

中职生属于青年的一部分。他们同样具有青年期的心理特征和青年期可能面临的心理问题。在大多数中职生自杀案例中，几乎每位自杀者都有程度不等的人格障碍和情绪失调，这两个因素在导致他们自杀的原因中起着首要的作用。要指出的是，与一般个体青年相比，中职生的自我意识非常强烈，富有理想和抱负，憧憬未来。心理上的需求也相对较多，包括实现自身价值、受人尊重、爱情和审美等。除生理上的发育成熟与文化知识技能的提高以外，中职生在发展过程中，需要完成的是个体角色的定位以及独立性的形成。他们最关心的是如何把自己目前的状况与将来的角色协调起来。同时，当今的中职生所面临的社会环境是社会变革及市场经济的迅猛发展，中职生的自我期望也不时地受到这种变化的影响，加上自身生理和心理不成熟，使得他们的心理适应能力面临巨大的挑战。这些心理特点使他们在现实生活中更容易产生各种心理上的反差，导致各种心理挫折，因而更易于形成自杀机制。在对案例的分析中，我们发现，中职生对挫折的承受能力低，是导致其自杀行为的重要原因。

1. 人格障碍与中职生的自杀行为

心理卫生学认为，情绪失调和人格障碍是相互作用的，情绪失调往往导致人格障碍，而人格障碍又以情绪失调为体现。情绪失调与人格障碍有多种多样的表现，如自卑、抑郁、孤僻、悲观、鲁莽、急躁、害羞、多疑、狭隘、焦虑等，但并非每一种表现都易于诱发自杀行为。根据我们对自杀个案的分析得知，容易引发自杀行为的主要是以下几方面。

（1）抑郁。抑郁它是中职生中常见的情绪问题，是不少学生在遇到学习成绩落后、失恋、生活受挫、家庭出现意外事件等刺激后，心理上无力承受由此带来的压力而出现的情绪反应。**抑郁在行为上表现为丧失学习和工作的兴趣及动力，反应迟钝，无精打采，拒绝交际，回避朋友，并伴随着食欲减退、失眠等不良反应**。大多数中职生都多少有过这种消极情绪，但体验的时间比较短暂，随着时过境迁也就消失了。但其中也有少数性格内向、孤僻、自尊心强、怀疑心重、承受挫折能力低的学生容易长期陷入抑郁状态，导致抑郁性精神病的出现。患者中有的可能认为人生无味而有过自杀的念头，甚至采取过自杀行为。

我们调查的个案中有这么一例：某女生 B，其男友 W 在与她恋爱了近两年后宣布分手。此后，她情绪陷入低落，时常自叹，目光呆滞，寡言少语，常以身体有病为由拒绝参加集体活动，学习成绩也下降很快，这就进一步加强了她的自我否定和内疚感，终于有一天在市内一家宾馆的 11 楼，她跳楼结束了自己年轻的生命。由此可见，B 因失恋及学习落后导致抑郁，又因其性格内向、心理承受力差而患抑郁症，最终导致自杀。在参考的 35 例个案中有 28 例自杀者具有明显的抑郁症状，有的甚至是处在极度抑郁状态之下，这说明自杀与抑郁有很大的关联，抑郁症状可以作为评定自杀危险度的重要指标之一。

（2）悲观。悲观表现为个体缺乏正确的世界观和人生信念，常常带着幼稚、消极的心理观察社会和对待人生。因此，当理想和现实一旦发生矛盾冲突时，悲观者便垂头丧气，自我否定，感到前途渺茫，最终对人生失去信心，走上厌世轻生的道路。理想和现实的矛盾是青年期的主要心理矛盾之一。中职生都对自己未来的生活和工作充满着美好的希望，力图塑造完美的自我，但理想的我与现实的我显然是存在差距的。如果不能正确地看待这种差距，遇到一点挫折、失败，便认为自己“无能”，是个失败者，那么就会使自己陷入悲观的消极状态之中。例如，有的中职生因一次考试失误而认为自己智力低，将来在学业上会一事无成；有的中职生因一次失恋而认为自我形象丑陋或有缺陷，异性会对自己产生厌恶等。以悲观来对待生活中的挫折和失败等于是在原有的失败感中增添新的失败感，这必定会导致不良情绪的恶性循环，很容易使人对人生失去信心以至产生绝望，走上自杀的道路。美国临床心理学家 A.Beck 对自杀未遂者的研究表明，自杀者在一般期望量表上的失望分数很高。他认为失望与自杀意图的联系比抑郁更紧密，他同意自杀者是抑郁的，但更重要的是自杀者的期望是消极的。他们常常歪曲了其本身的体验，只预期最暗淡、最悲观的后果。这种悲观的态度往往带来失望感，最后发展成绝望。

（3）自卑。自卑是因生理上的伤残、疾病或智力水平低及其他社会因素的影响对自我认识所产生的消极态度。表现在能力、自身价值等方面低估自己、看不起自己，并且认为自己会得不到别人的尊重，因而终日忧虑不安、抑郁沮丧乃至自暴自弃。一般说来，个体或多或少有过这种消极情绪，但只要经过努力，重新评价自我，积极进行自我调节就能减轻和消除自卑感。如果长时间沉湎于强烈的自卑之中不能自拔，心里就容易失去平衡。这种人在外界刺激的诱发下极易导致自杀。

我们调查的个案中有这样一例：李某，男，21 岁，某大学三年级学生，上吊自杀身亡。该生身体瘦小，皮肤偏黑，眼睛近视，身体素质差，体育成绩常处于全班最后一名，性格内向，参加班级活动不积极，人际关系不和谐。同学们都认为他为人过于敏感，不好相处。一天，全班上体育课，内容是 100 米跑，两人一组，由于男生的人数单一个，而他又排在最后，老师只好将他和一名女生排在一组，结果他没有跑赢这名女生。这种场面自然引起在场同学的哄笑。从这以后，该生变得更加沉默和孤僻，一天夜晚外出未归，第二天早晨发现他已在学校后山上吊身亡。不难看出，这名学生是因自卑而引发的自杀。

2. 挫折与中职生的自杀行为

❶ 所谓挫折，是指人们在有目的的活动中遇到的无法克服的障碍。

对挫折的消极反应，如果得不到及时纠正，就会对受挫者的身心健康乃至生命构成危险，成为自杀行为的心理基础。中职生作为一个特殊群体，因其思维活跃，知识面广，生活的道路较为平坦，阅历也比较简单，在遇到挫折时，容易出现一些不良的行为表现。不良的行为表现主要是源于错误的认知及脆弱的承受力。我们调查发现，中职生对挫折的错误认识主要表现在三个方面：一是他们认为挫折不应发生在自己身上。生活中出现一些不顺利、不愉快，学习和交往中存在一些挫折、失败本来是正常的事，但有的学生认为这些是不应该发生的。他们认为中职生活应是丰富多彩、充满快乐的，中职学习也应该是轻松、愉快的，人际关系同样也应是和谐的；而对于挫折，他们缺乏思想认识和心理准备。因此，一旦遭遇挫折就会出现不良的行为表现。二是以某方面的挫折

同学们讨论一下，你们一般是怎样对待挫折的？

来否定整个自我。如一次考试成绩差便认为自己的能力差，不是读书做学问的料子，前途无望。这种以一两件事来评价自身价值的认知方法，其结果往往会引起强烈的挫折反应，自暴自弃。三是中职生把某一次挫折的后果想象得非常可怕，对挫折缺乏正确的认识。比如，有的学生一次生病，便害怕影响学习，害怕考试不及格而退学；或一件事情没办好，便担心别人对自己有看法而失去信心。

❷ 挫折承受力比较脆弱也是导致不良心理行为的原因之一。

挫折承受力是指个体遭受挫折后，排解挫折的能力。耐挫力较强的中职生在挫折面前不会过分紧张，没有强烈的情绪困扰，能够尽快地找到适应和对付挫折的办法，从而保持心理行为的正常。而耐挫力弱的中职生对挫折过分敏感和紧张，稍遇挫折就惊慌失措，并且容易长时间陷入不良情绪中而不能自拔。这样，几经挫折打击，也许是并不很严重的挫折打击，都容易造成中职生心理和行为的失常，甚至直接引发自杀行为。例如，吉林某大学的一位女生，聪明俏丽，从小一直生活在幸福的家庭中，以优异成绩考入大学后，曾被评为“三好学生”，还担任了班干部。但后来一次班干部的改选中，她落选了。于是，她开始认为世人都在与她作对，不久后的一个晚上，她走出校门，融入深深的夜色之中。当人们发现她时，她已经沉睡在长春南湖的一湾绿水里。还有一位中职生，只不过因为在联欢会上唱歌走了调，引起同学们的哄笑，她便觉得无法忍受，当晚在校园里自杀身亡。通过调查分析，我们认为，那些体弱多病，涉世未深，生活道路一帆风顺，名利思想和虚荣心强，意志薄弱，胸怀狭窄，消沉抑郁，孤僻内向的个体耐挫力较差。其实耐挫力是可以通过平时的训练提高的。只要正确地认识挫折，冷静客观地分析挫折的原因，不断调整自己，乐观、豁达地看待人生，建立和谐的人际关系，自身的耐挫力就会不断得到提高。

四、预防中职生自杀的对策

美国自杀协会主席希尼亚·帕佛认为：“防止自杀最好的办法不是注意自杀本身，而是应当更广泛地注意是什么因素导致了自杀的发生……”

根据调查，我们发现自杀者在自杀前都会有意或无意地表现出明显的异常行为，如独处、沉默寡言、生活规律紊乱、情绪极度低落等。由于自杀者在自杀前有了一系列的行为表现，这就为预防自杀提供了一些依据。学校有关的教育工作者、心理咨询人员以及党团干部，系、年级、班干部是预防自杀的主要人员，只要通过一定的培训学习，他们就能及时地从自杀者的行为表现中发现其自杀企图，及时加以疏导、解救和阻止，从而达到防患于未然的目的。

1. 学校预防学生自杀行为的措施

（1）加强中职生心理卫生教育。我们认为中职生自杀的主要原因是心理因素所致。因此，在中职生中宣传普及各种有关心理卫生知识是防止中职生自杀的一个有效的办法。其具体做法是，首先，有计划地组织学生工作干部、辅导员、团干部进行轮训，轮训的时间一般为 10～15 天，主要讲授中职生的心理特点、中职生心理卫生和心理咨询等有关内容。然后由参加了轮训的老师对学生进行心理以及教育，提高中职生对青年期心理特点的认识，帮助他们了解和掌握人格顺应以及情绪控制的基本规律，教给他们有关青年期心理适应的技巧，如合理的宣泄、代偿、转移、升华等，使其应付挫折的能力得到提高。

（2）加强精神文明建设，积极改善中职生的心理环境。当今，我国改革开放的步伐日益加快，新的矛盾、新的思想、新的社会问题触及着每一个人的头脑。同时，对外开放使得东西方文化涌现在我们面前，对新事物、新思想极为敏感的中职生必然会受到社会各种文化的影响。如果不加强精神文明建设，不树立正确的思想，那么不少中职生的心理就容易失去平衡，价值观就可能出现混乱，心理障碍也会增多，自杀率上升的趋势就难以避免。因此，我们要加强校园精神文明建设，大力弘扬中华民族几千年来的传统文化和传统美德，丰富中职生课余的文化娱乐生活；大力开展各类文体活动，培养中职生奋发向上、积极进取的敬业精神；开展各种学术活动，形成浓厚的校园学术风气；组织中职生积极参加社会实践活动，在实践中引导他们正确地看待社会、看待人生。

情绪发展和人格顺应是影响中职生自杀行为的主要心理因素，学校要为中职生提供一个良好的心理环境。这种环境应具备以下一些特征：

- 保证中职生与正直、善良、心理健康的人接触，以利于培养其积极的情绪。
- 为中职生提供健康情绪的表达机会，使中职生的不良情绪得以合理宣泄，以免其破坏性地爆发。
- 给中职生的社会行为创造成功的机会，以免长期遭受挫折和内心冲突。
- 培养中职生有效的心理防御机制，帮助他们学会如何保护自己。
- 教育中职生认识社会的复杂性，从而增强他们的心理耐挫力。

（3）设立心理咨询机构。心理咨询可持续、稳定地帮助中职生摆脱各种心理困扰，消除各种心理障碍，使之及时恢复心理平衡。受不良心理因素困扰的中职生，如果无法自我摆脱或及时得到帮助，便可能出现自杀念头。有的即使已出现自杀念头，通过咨询，配合适当的心理疗法，也能避免自杀念头发展到自杀行为。

此外，建立健全中职生心理档案也是预防自杀的一项重要措施。这项工作应由心理学专业工作者或受过心理学培训并有一定经验的教师来承担。心理档案主要包括该中职生的智能和智商、人格特征、气质类型的发展状况等。学生工作处最好是从一年级就开始建立学生心理档案，除了长期观察、记录中职生各方面的行为表现和心理问题外，还有必要定期进行一些心理测试，以便较准确地掌握学生心理上的变化。对心理测验的结果有关负责人要注意客观、慎重地解释，严格保密，及时存档。为中职生建立心理档案是一项具有重要意义且难度较大的工作，最好是在教育行政部门领导的重视和支持下，组织心理学工作者、学生工作者等有关人员有计划、有步骤地开展。

2. 中职生自我心理调节

（1）学会宣泄。有矛盾、悲伤和痛苦时，不妨向你的朋友倾吐出来，心里会觉得轻松许多，还可以从朋友的劝告中得到安慰与支持。

（2）学会转移注意。当遇到不愉快的事情时，要及时摆脱精神负担，可以把精力转移到学习中去或投入到应该做的事情上去。用新的生活内容和节奏，淡化过去遭受的挫折，以求得心理上的平衡，比如，学习、跑步、爬山、做家务都是让自己忙碌的好方法。此外，多读书、读好书更是一种奇妙的解脱方法。

（3）不推测别人对你的评价。把小事看得过于重大，常过多地考虑自己，不能设身处地的去想想别人、尊重别人，也不能融洽地与别人相处。爱斤斤计较，情绪易被自己的感觉所扰乱，烦闷、愁苦也常常伴随其身。

（4）改善人际关系。"像你希望别人如何对你那样对待别人"，这是人际关系的黄金规则。人际交往中，如果能够自觉地给别人以尊重，能够对别人的正确理念给以足够认同，让别人能够感受到快乐与满足，别人一定会投桃报李，给我们以同样的待遇。

（5）改善睡眠。养成良好的睡眠习惯，注意生活有规律。晚饭不宜过饱，临睡前不要进食，不饮用有兴奋作用的饮料，不要进行大运动量的体育锻炼，不听节奏感太强的音乐等。不睡觉时尽量不进入卧室，没有睡意绝不上床。

（6）积极参加社会活动。要积极参加集体活动，友善地与同伴、朋友交往。这样能促进个人身心的健康发展和创造性的发挥，体现自身存在的社会价值，领会生活的乐趣。

总之，中职生应以积极的眼光看待世界。首先，要树立现代的健康观，学习和掌握一定的心理健康知识，努力锻炼心理承受能力。其次，要正视现实，客观评价自我，增强自信心，减轻心理压力，提高适应力和耐挫能力。最后，在学习中学会自我心理调节，要以乐观、积极、向上的心态面对人生，自觉控制和合理释放不良情绪，做一名身心健康的快乐中职生。

1. 如何预防中职生因学业受挫引发的心理危机?
2. 简述中职生在面临就业挫折时的应对措施。
3. 当同学之间发生冲突，应该怎样处置?
4. 谈谈早恋的危害。
5. 为了预防自杀心理危机，中职生应从哪几方面进行自我心理调节?

第六章　国家安全保障

教学目标

国家安全关系到国泰民生，关系到每一个家庭和谐及个人生存发展，因此，自觉维护国家安全是每个公民义不容辞的责任和义务。通过本章的学习，使中职生了解和掌握自身在维护国家的安全问题中应遵守的原则，从身边的事情做起，为维护国家利益做贡献。

教学要求

认知： 认识到国家安全是个人安定生活的基础，自身发展离不开祖国的繁荣稳定。

情感： 树立起坚决与危害国家安全的行为作斗争的意识，共同保卫我们的祖国。

运用： 坚决抵制和举报不利于国家安全的事件和行为，严格遵守各项法律、法规。

知识点 1 维护国家安全

国家安全一般是指作为社会政治权利组织的国家及其所建立的社会制度的生存和发展的保障。它包括国家独立主权和领土完整以及人民生命财产不被外来势力侵犯；国家政治制度、经济制度不被颠覆；经济发展、民族和睦、社会安定不受威胁；国家秘密不被窃取；国家工作人员不被策反；国家机构不被渗透等。国家安全主要内容包括国民安全、领土安全、经济安全、主权安全、政治安全、军事安全、文化安全、科技安全、生态安全、信息安全 10 个方面。国家安全是国家的根本所在，国家利益高于一切，维护国家的利益和安全，是每个公民的神圣义务，任何情况下不得做有损国家安全的事情，并自觉与一切损害国家安全的行为作斗争。作为中职生，即将踏上社会，因此，了解国家安全知识，掌握保密原则，也是势在必行的。

一、公民维护国家安全的权利和义务

1. 公民维护国家安全的义务

义务，由法律规定的公民和组织的义务，是国家运用法的强制力保障实施的，是不能放弃而又必须履行的。违者就可能要负法律责任。《中华人民共和国国家安全法（2015）》对公民和组织维护国家安全作如下七个方面的义务规定，内容包括：

- 遵守宪法、法律法规关于国家安全的有关规定。
- 及时报告危害国家安全活动的线索。
- 如实提供所知悉的涉及危害国家安全活动的证据。
- 为国家安全工作提供便利条件或者其他协助。
- 向国家安全机关、公安机关和有关军事机关提供必要的支持和协助。
- 保守所知悉的国家秘密。
- 法律、行政法规规定的其他义务。

2. 公民维护国家安全的权利

一切法律权利都会受国家的保护，一旦受到侵害，享有者有权向有关部门申诉和请求保护，情节恶劣者，可要求追究其刑事责任。

《中华人民共和国国家安全法（2015）》规定“公民和组织支持、协助国家安全工作的行为受法律保护。因支持、协助国家安全工作，本人或者其近亲属的人身安全面临危险的，可以向公安机关、国家安全机关请求予以保护。公安机关、国家安全机关应当会同有关部门依法采取保护措施。”。权利是法律赋予的，只有依法行使，才能受到保护，如果故意捏造或者歪曲事实进行诬告陷害的，要依法惩处，构成犯罪的还会被追究刑事责任。

二、严格保密原则

国家秘密是关系到国家安全和利益，依照法定程序确定在一定时间内，只限一定范围人员知悉的事项。国家秘密按其秘密程度划分为“绝密”“机密”“秘密”三级。按其工作对象分为科学技术保密、经济保密、涉外保密、宣传报道保密、公文保密、会议保密、政法保密、军事军工保密、通信保密和电子计算机保密等。

在涉及国家秘密的岗位上实习、就业的中职生，应该学习保密常识，增强保密意识，严格遵守保密制度。提高防范意识，在对外交往中坚持内外有别。在接触交往过程中，凡涉及国家机密的内容，要么回避，要么按上级的对外口径回答，不要随便涉及内部的人事组织、社会治安状况、科技成果、技术诀窍和经济建设中各种未公开的数据资料。自觉遵守保密的有关规定，做到：不该说的机密，绝对不说；不该问的机密，绝对不问；不该看的机密，绝对不看；不该记录的机密，绝对不记录；不在普通电话、明码电报、普通邮局传达机密事项；不携带机密资料游览、参观、探亲、访友和出入公共场所。不在通信中谈及国家机密，不在普通邮件中夹带任何保密资料。

故意泄露国家秘密是一种自觉的、有意识的违反保密法律、法规和规章的行为。它通常是指行为人已经知道自己的行为能够或者可能使国家的安全和利益遭受危害，并希望或者放任这种后果的发生。过失泄露国家秘密是指行为人无主观意识、无目的的泄露国家秘密的行为。它通常是指行为人应当预见到自己的行为会造成危害国家安全和利益的后果，因为疏忽大意而没有预见，或者已经预见而轻信能够避免，致使国家秘密泄露。

不管是故意还是过失泄密，只要“情节严重”，就要追究刑事责任。所谓“情节严重”，一般是从所泄露国家秘密的密级、行为人的主观恶意、泄露行为发生的前后表现、泄密行为发生的特定时间与地点，以及已经造成或可能造成的危害后果等方面来考察判断。

拾获属于国家秘密的文件、资料和其他物品，应当及时送交有关机关、单位或保密工作部门。发现有人买卖属于国家秘密的文件、资料和其他物品，应当及时报告保密工作部门或者公安、国家安全机关处理。发现有人盗窃、抢夺属于国家秘密的文件、资料和其他物品，应当立即报告保密工作部门或者公安、国家安全机关。发现泄露或可能泄露国家秘密的线索，应当及时向有关机关、单位或保密工作部门举报。

你知道吗

危害国家安全的五种行为

危害国家安全的五种行为是：

阴谋颠覆政府，分裂国家，推翻社会主义制度的行为；

参加境外各种间谍组织，或者接受间谍组织或代理人的任务的行为；

窃取、刺探、收买、非法提供国家秘密的行为；

策动、勾引、收买国家工作人员叛变或者将防地设施、武器装备交付他国或敌方的行为。进行危害国家安全的其他破坏活动的行为。其他破坏活动包括组织、策划或者实施危害国家安全的恐怖活动的；捏造、歪曲事实，发表、散布文字或者言论，或者制作、传播音像制品，危害国家安全的；利用设立社会团体或者企业、事业组织，进行危害国家安全活动的；利用宗教进行危害国家安全活动的；制造民族纠纷，煽动民族分裂，危害国家安全的；境外个人违反有关规定，不听劝阻，擅自会见境内有危害国家安全行为或者有危害国家安全行为重大嫌疑的人员的。

知识点 2　履行维护国家安全的责任

一、中职生怎样维护国家安全

有国家就有国家安全工作。无论处于什么社会形态，或者实行怎样的社会制度，都会视国家利益为最高、最根本的利益，将维护国家安全列为首要任务。所以，每位中职生都应当成为国家安全和利益的自觉维护者。

1. 要始终树立国家利益高于一切的观念

邓小平同志指出：“国家的主权、国家的安全要始终放在第一位。”一位已故的政治家也说过：“没有永久不变的国家友谊，只有永久不变的国家利益。”国家安全涉及国家社会生活的方方面面，是国家、民族生存与发展的首要保障。所以，把国家安全放在高于一切的地位，是国家利益的需要，又是个人安全的需要，也是世界各国的一致要求。

2. 要努力熟悉有关国家安全的活动、法规

有人统计，涉及有关国家安全和保密工作的法律、法规、规章制度有 100 多种，中职生都应该对其有所了解，弄清什么是合法，什么是违法，可以做什么，不能做什么。其中，特别应当熟悉以下一些法律、法规：《中华人民共和国宪法（2004 修正）》《中华人民共和国国家安全法（2015）》《中华人民共和国保守国家秘密法》《中华人民共和国刑法》《中华人民共和国刑事诉讼法（2012 修正）》《科学技术保密规定（2015 修订）》《关于出国留学人员工作的若干暂行规定》等，对遇到的法律界线不清的问题，要肯学、勤问、慎行。

3. 要善于识别各种伪装

从理论上讲，有关国家安全的常识、规定都比较完善，依规行事不会出什么大问题，但是，实际生活比我们想象的要复杂得多。比如，有的间谍情报人员采用五花八门的手段，套取国家秘密、科技政治情报和内部情况。如果丧失警惕，就可能上当受骗，甚至违法犯罪。因此，中职生在对外交往中，既要热情友好，又要内外有别、不卑不亢；既要珍惜个人友谊，又要牢记国家利益；既要争取各种帮助、资助，又不失国格、人格。识别伪装既难又易，关键就在淡泊名利，对发现的别有用心者，要依法及时举报，进行斗争，决不准其肆意妄为。

4. 要克服妄自菲薄等不正确思想

任何国家都有自己的安全与利益自不待言，也有别人没有的政治、经济、文化、军事、科技、资源和秘密，还有独具特色的传统工艺等。也就是说，再富有的国家不可能应有尽有，再贫穷的国家也不可能一点没有别国羡慕的东西。中国是发展中的国家，但又是不可小视的国家。所以，作为中国人要挺直腰板，决不妄自菲薄、悲观失望。要看到我们也有许多世界第一的“中国特色”，有一系列国家秘密和单位秘密。对这一切，中职生自身如果没有正确的认识，就可能在许多问题上产生错误的看法，乃至做出亲者痛仇者快的事情来。个别误入歧途的青年学生的教训，已成前车之鉴，千万不能重蹈覆辙。

5. 要积极配合国家安全机关的工作

国家安全机关是国家安全工作的主管机关，是与公安机关同等性质的司法机关，分工负责间谍案件的侦查、拘留、预审和执行逮捕。当国家安全机关需要大家配合工作的时候，在工作人员表明身份和来意之后，每个同学都应当按照《中华人民共和国国家安全法（2015）》赋予的七条义务的要求，认真履行职责。尽力提供便利条件或其他协助，如实提供情况和证据，做到不推、不拒，更不以暴力、威胁方法阻碍执行公务，还要切实保守好已经知晓的国家安全工作的秘密。

二、中职生应遵循的保密知识

1. 向境外邮寄有什么规定

禁止邮寄属于国家秘密的文件、资料和其他物品出境。禁止非法携运属于国家秘密的文件、资料和其他物品出境。如果出境，应由外交信使或国家保密局核准的单位和人员携运；目的地不设通信使的或信使难以携运的，确因需要，需自行携运机密、秘密级国家文件、资料和其他物品出境的，应当向保密工作部门申办《国家秘密载体出境许可证》。

2. 国家秘密与商业秘密有什么区别

国家秘密与商业秘密具有不同的法律特征，国家秘密的法律特征在《中华人民共和国保守国家秘密法》中讲了三点：一是关系国家的安全和利益；二是依照法定程序确定；三是在一定时间内只限一定范围的人员知悉的事项。商业秘密的法律特征在《中华人民共和国反不正当竞争法》中讲了四点：一是不为公众所知悉；二是能为权利人带来经济利益；三是具有实用性；四是权利人采取了保密措施。

由此可以看出两种秘密具有不同的法律特征：

- 权利主体不同。国家秘密的权利主体是国家，商业秘密的权利主体是不特定的个人和组织。
- 确定的程序不同。国家秘密的确定有严格的法定程序，商业秘密的确定没有规定程序，只要权利人按其法律特征明确即可。
- 秘密的等级和标志不同。国家秘密分为绝密、机密、秘密三级，并有统一明确的标志。商业秘密不分等级，在标志上也没有统一的规定。
- 泄密后处罚的法律依据不同。泄露国家秘密，按《中华人民共和国保守国家秘密法》追究行为人的法律责任。泄露商业秘密，按《中华人民共和国反不正当竞争法》等法律追究法律责任。

3. 什么是泄密国家秘密

泄露国家秘密 **是指违反保密法律、法规和规章的下列行为之一：使国家秘密被不应知悉者知悉的；使国家秘密超出了限定的接触范围，而不能证明未被不应知悉者知悉的。**

4. 中职生在境外交友时应注意什么

与境外人员交往时，一方面要积极热情，不要被动回避，因为大多数境外人员是好的，另一方面思想上要有防范意识，这包括工作上和生活上。对外国留学生而言，最大的难题恐怕是如何正确对待约会以及与异性交往。中职生在与不了解的人交往时，一定要言行端庄，举止大方，在生活中学会防护和预防。

5. 对外经济合作提供资料的原则和程序

对外经济合作提供资料要从国家整体利益和对外经济合作的实际出发，权衡利弊，遵循合理、合法、适度的原则，做到既维护国家秘密安全，又有利于保障和促进对外经济合作的顺利进行。

对外经济合作提供资料保密工作的基本程序是：第一，根据对外经济合作项目的实际需要，确定提供资料的范围；第二，对已确定需要提供的资料进行保密审查；第三，经审查属于国家秘密的资料，其中，能做技术处理且经技术处理后能够符合对外经济合作项目需要的，应做技术处理（包括文字、图表、数据等）；第四，提供国家秘密资料，须经有审批权的机关、单位批准；第五，经批准提供国家秘密资料，应当以一定的形式要求对方承担保密义务（合同、协议、备忘录等）。

对外提供资料工作中需要送审、报批、审批或者协调确定的事项，项目主办单位和有关业务主管部门、保密工作部门应及时办理。严禁个人或以个人名义对外提供国家秘密资料。

1. 试述《中华人民共和国国家安全法（2015）》对公民和组织维护国家安全的义务规定内容。

2. 请问中职生在向境外邮寄时应注意什么？

3. 简述国家秘密与商业秘密的区别。

实训安全防范知识

第七章

教学目标

通过本章对实际训练操作中可能遇到的安全问题的分析，重点阐述了化学品、机电运输、农业、计算机等的安全使用和危机应对措施，使学生自觉认真遵守规章制度，养成安全操作的习惯，预防和控制危害的发生。

教学要求

认知：了解实训操作中可能接触到的各种仪器和用品，理解安全规范的使用和操作是人身安全的保障。

情感：只有充分掌握安全防范知识，才能使学生在今后的工作岗位上发挥得游刃有余。

运用：对自身的安全负责，及时解决在生活、生产中可能遇到的安全危机，才可能创造新的机遇。

知识点 1 概述

实训是职业技能实际训练的简称，是指在学校控制状态下，按照人才培养规律与目标，对学生进行职业技术应用能力训练的教学过程。中等职业学校的实训既是提高职业能力的重要途径，又是职业教育的重要教学环节与主要特色。中职生不但要在生产实习、模拟仿真实训中强化技能，更要在实训操作中强化安全意识，养成遵守安全规程的习惯。为今后的职业生涯做好准备。

中职生实训安全的意义，主要有以下几点：

❶ 注重安全是一种素质，是高素质劳动者必须具备的素质。尊重他人、尊重劳动，首先要从珍爱自己和他人的生命做起。注重安全是一种文明，让每个人在合理有序的环境里生活、劳动，是以人为本的文明。注重安全是一种仁爱之心，爱人爱己，爱护每一个人的生命。

安全是构建和谐社会的根本。安全生产关系人民群众生命财产安全，关系改革发展稳定的大局，是全面建设小康社会、加快推进社会主义现代化的需要。安全发展是实现可持续发展的重要内容，安全生产状况进一步好转是我国构建和谐社会取得新进步的重要指标。

❷ 作为未来的技术人才和高素质劳动者，中职生的工作岗位主要在生产第一线，清醒的安全意识、渊博的安全知识、良好的安全习惯，就是杜绝发生伤亡事故的保险锁。

中职生的实训岗位在一线，发生事故的概率相对在学校里大得多。一旦发生事故，小到擦破皮，大到断骨截肢甚至失去生命。这些事故有些是意外发生的，但是多数是中职生在实训中违反操作规程和安全规定，疏忽大意造成的。发生事故，既害了自己，害了家人，也给学校带来损失，更给国家社会带来了危害。

❸ 职业教育是培养技能人才和高素质劳动者的教育，而珍爱生命和遵守安全生产要求是技能人才和高素质劳动者的最重要的基本素质之一。从业人员的技术素质绝非只是掌握专业知识和具有娴熟的专业技能，还必须包括安全素质，即具有浓厚的安全意识，掌握所从事职业的专门安全知识，养成符合该职业要求的安全行为习惯。“珍爱生命、安全第一”的安全素质，是国民素质的重要组成部分，更是从业人员必须具备的基本素质。

总之，愚者用自己的鲜血换来教训，智者用别人的教训避免流血。每种岗位的安全制度和操作规程，都是人们在多年生产实践中的经验总结，都是劳动者用血与泪甚至以生命为代价换来的。缺乏安全意识和安全知识，违反规章制度、操作规程，是实训中发生事故的重要原因。珍惜生命不空谈，安全要从我做起，从点滴做起。为了自己，为了家人，为了社会，中职生要对实训中违规、违章可能出现的严重后果引起足够的重视。除了在专业课学习过程中，十分留意其中渗透的安全要领外，要在实训前认真学习有关安全制度、操作规程，在实训中认真遵守有关安全制度、操作规程。

中职生在实训以及今后的工作岗位上，注重安全、防止事故、避免伤害是珍爱生命的具体体现，是联合国教科文组织职业教育组织（UNEVOC）倡导的“尊重人、尊重劳动”基础价值观以及“尊重生命和自然”等核心价值观在职业行为中的具体体现。中职生应该充分利用在校学习的大好时光，根据自己所学专业和即将从事职业的特点，认真学习有关安全知识，养成注重安全的习惯。为在今后的职业生涯中及时发现安全隐患做好准备，为在即将开始的职业生活中争取保障自己生命应有的权利创造条件，为在今后漫长的职业劳动中一丝不苟地遵守安全操作规范奠定基础。

知识点 2 化学品的安全作业

中等职业学校所设专业对应的职业群中，有许多岗位需要与化学品接触。化学品安全隐患不仅存在于化工企业，在农业、医药、交通、建筑、商贸以及现代制造业等行业中也存在。在实训时，掌握化学品安全的有关知识，对中职生来说有很重要的意义。

一、化学品安全事故的原因分析

- 违章操作、违章指挥、违章劳作等“三违”陋习是发生危险化学品安全事故的主要原因。
- 作业人员缺乏安全意识与专业知识，安全操作不规范。
- 中小化工企业硬件设备不完善是产生安全事故隐患的突出问题。
- 安全驾驶，防止化学品运输翻车泄漏事故。
- 合法经营危险化学品，避免引发安全事故。
- 坚持以“真”保“全”，杜绝安全隐患。

二、危险化学品简介

在生产中，对人体有害的物质，称为生产性毒物或工业毒物。毒物在生产过程中以多种形式出现，同一种化学物质在不同生产过程中呈现的形式也不同。

生产性毒物在生产过程中常以气体、蒸气、粉尘、烟和雾的形态存在并污染环境。如氯化氢、氰化氢、二氧化硫、氯气等在常温下呈气态的物质污染空气。一些沸点低的物质，是以蒸汽形态污染空气的，如喷漆作业中的苯、汽油、醋酸乙酯等。在喷洒农药时的药雾、喷漆时的漆雾、电镀时的铬酸雾、酸洗时的硫酸雾等，是以雾的形态污染空气的。

常见的危险化学品有：液化气、管道煤气、香蕉水、油漆稀释剂、汽油、苯、甲苯、甲醇、氯乙烯、液氯（氯气）、液氨（氨、氨水）、二氧化硫、一氧化碳、氟化氢、过氧化物、氰化物、黄磷、三氯化磷、强酸、强碱、农药杀虫剂等。

你知道吗

毒物的来源

毒物的来源主要有以下六种：

❶ 生产原料，如生产颜料、蓄电池使用的氧化铅，生产合成纤维、燃料使用的苯等。

❷ 中间产品，如用苯和硝酸生产苯胺时，产生的硝基苯。

❸ 成品，如农药厂生产的各种农药。

❹ 辅助材料，如橡胶、印刷行业用作溶剂的苯和汽油。

❺ 副产品及废弃物，如炼焦时产生的煤焦油、沥青，冶炼金属时产生的二氧化硫。

❻ 夹杂物，如硫酸中混杂的砷等。

三、几类常见危险化学品引起的伤害及处理方法

危险化学品对人体的伤害主要是：刺激眼睛、流泪致盲；灼伤皮肤、溃疡糜烂；损伤呼吸道、胸闷窒息；麻痹神经、头晕昏迷；引起燃烧爆炸，导致物毁人亡。化学烧伤比单纯的热力烧伤更为复杂，由于化学物品本身的特性，造成对组织的损伤不同，所以在急救处理上有其特点。

1. 强酸类

强酸类如盐酸、硫酸、硝酸、王水（盐酸和硝酸）、石炭酸等。伤及皮肤时，因其浓度、液量、面积等因素不同而造成轻重不同程度的伤害。盐酸、石炭酸烧伤的创面呈白色或灰黄色；硫酸烧伤的创面呈棕褐色；碳酸烧伤的创面呈黄色。

酸与皮肤接触，会立即引起组织蛋白的凝固而使组织脱水，形成厚痂。厚痂的形成可以防止酸液继续向深层组织浸透，减少损害，对伤员健康极为有利。

如果通过衣服浸透烧伤，应即刻脱去衣服，尽快用大量清水反复冲洗伤面。充分冲洗后也可用中和剂——弱碱性液体，如小苏打水（碳酸氢钠）、肥皂水冲洗。石炭酸烧伤用酒精中和。但若无中和剂也不必强求，因为充分的清水冲洗是最根本的措施。

2. 强碱类

强碱类如苛性碱（氢氧化钾、氢氧化钠）、石灰等。强碱渗透性强，深入组织使细胞脱水，溶解组织蛋白，形成强碱蛋白化合物，使伤面加深、组织破坏。因此，强碱烧伤往往比强酸烧伤更为严重。

如果碱性溶液浸透衣服造成烧伤，应立即脱去受污染衣服，并用大量清水彻底冲洗伤处。充分清洗后，可用稀盐酸、稀醋酸（或食醋）中和剂，再用碳酸氢钠溶液或碱性肥皂水中和。

3. 磷

在工农业生产中常能见到磷烧伤，在战争时期磷弹爆炸也常造成烧伤。磷及磷的化合物在空气中极易燃烧。磷在皮肤上能继续燃烧，伤面在白天能冒烟，夜晚可有磷光，会进一步扩大、加深伤口。由于磷毒性很强，被身体吸收后，会引起全身性中毒。磷对肝脏具有很强的毒性，会引起肝细胞坏死，肝脂肪性变；对血管损伤，可引起广泛出血；对肾脏、心肌及神经都有毒性。

四、化学品安全使用守则

一些在化工、医药企业生产厂区或商业企业实习的中职生，常常要在实习单位化学品贮存区内，24 小时不间断地处理、管理着大量的易燃、易爆、有毒、有害物质，如管理不善或突发故障都可能发生物质外逸或聚积，而导致灾害发生。另一方面，塔、台、设备与管线工艺装置连通，压力容器、电气装置、运输设备、检修作业、排放管沟等不利因素，均对人构成潜在危险。因此，在化学品生产或贮存区参加实训的中职生，必须自觉地遵守有关规章制度，才能保证安全生产。

1. 实习生不准随意进入生产、贮存区

化学品生产、贮存区内是有毒、有害物质密集的地方，进入者必须熟悉有关安全制度及生产操作、设备及环境。未成年人不准进入化学品生产、贮存区，实习生必须有专人带领才能进入。

2. 不按规定穿戴劳动防护用品，不准进入生产岗位

按规定穿戴防护用品，是防止伤害筑起的第二防线。参加岗位实训的中职生必须按各岗位的特定要求穿戴劳动防护用品。

3. 持证上岗，不准独立作业

特殊工种未经取证不准作业。中职生在实训中必须有持证人员指导，不准独立作业，无证作业属违法行为。

此外，危险化学品要做到标签完整、密封保存、避热避光、远离火种。参加实训的中职生，在实训前，必须了解所使用的危险化学品的特性和安全要求；在实训中，必须严格执行安全规定和操作程序，不盲目操作，不违章使用。

4. 杜绝明火，禁止吸烟

化学品生产、贮存区内，绝对不准吸烟，以免产生明火。明火是一种引起燃烧、爆炸的常见激发因素。按化学品生产、贮存企业防火、防爆的特点，对使用明火要严加控制和管理，对必须在化学品生产、贮存区明火的作业，首先要办明火手续，并要采取可靠的安全措施。

5. 严于律己，不脱岗，不离岗

职工上班是在安全生产的基础上完成各项生产任务指标，中职生参加实训，必须按职工的标准要求，不得随意走动，更不能打闹追跑、脱岗、离岗。只有在上班时集中精力，才能掌握本职岗位责任目标，随时注意设备运转、上下工序之间工艺物料平衡和不同的状况，调整处理异常情况，保障安全生产。

6. 坚持自我监督，不乱动他人设备工具

操作生产设备、工具须具备专业技术。中职生对于不是自己实习岗位的设备、工具不准动用。所以，即使是自己熟悉的设备，但由于不当班、不了解工作现状和现存缺陷，也不准随意动用，因为随意动用设备也容易引发事故。

7. 严禁违章使用易燃液体

由于汽油等挥发性强的可燃性液体的去污能力强，严禁中职生在化学品生产、贮存区用除油污剂洗涤设备用具与衣物，以防引起火灾、爆炸。

8. 检查工具，合格作业

生产或贮存化学品常用的安全装置主要有防护安全装置、信号安全装置、保险安全装置、连锁安全装置等。它们是保证正常生产、维持人身安全、预防操作事故必不可少的设备。它们不仅要齐全、有效而且要保证灵敏、可靠，必须按制度规定进行检查、核对，调试检验。

9. 停机后的设备，未经彻底检查，不准启用

化工生产、贮藏设备都相互连通，而且高大笨重，停机后内部情况多有变化，安全措施不落实，极易发生事故。必须按开机程序全面检查确认无误后，才能启动开机。

10. 安全检修措施

化工生产、贮藏设备与一般的设备不同，检修前需要拆除保温填料，与生产系统隔绝才能清洗置换设备内的化学品。同时，一边生产，一边检修，危险性极大。如不按规定程序办理检修作业证、停送电联系单等就可能会发生事故。检修中发生化学品事故的比例比较大。

五、化学危险品事故现场急救常识

化学品对人体可能造成的伤害包括中毒、窒息、化学灼伤、烧伤、冻伤等。

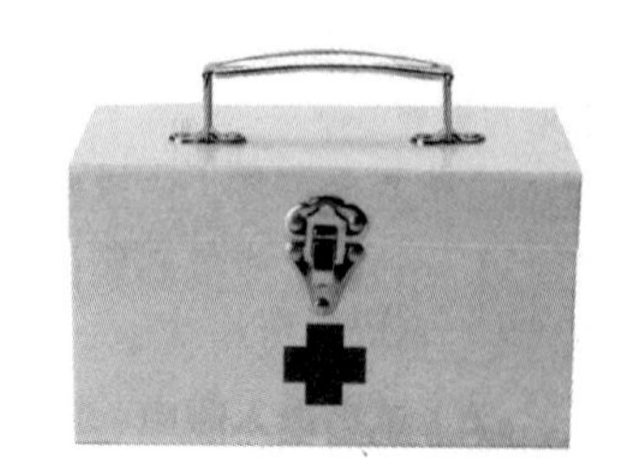

1. 自我防护

进行急救时，救援人员必须加强自我防护，使用防爆救援器材，避免成为新的受害者。特别是把患者从严重污染的场所救出时，更要注意。

2. 集体行动

把受伤人员从危险的环境转移到安全的地点时，至少 2~3 人为一组集体行动，以便互相监护照应。

3. 急救程序

除去伤病员污染衣物→冲洗→个性处理→转送医院。

个性处理是针对伤者的不同情况，采取不同急救措施。

试一试

倒液体化学药品时，为什么瓶子上的标签要朝手心？

（1）**神志不清**。安置病员于侧位，防止气管梗阻，呼吸困难时给予氧气吸入，呼吸停止时立即进行人工呼吸，心脏停止跳动时立即进行胸外心脏按压。

（2）**皮肤污染**。脱去污染的衣服，用流动清水冲洗；头面部灼伤时，要注意眼、耳、鼻、口腔的清洗。

（3）**眼睛污染**。立即提起眼睑，用大量流动清水彻底冲洗至少 15 分钟。

（4）**吃进有毒物质**。应根据物料性质对症处理。压舌促其呕吐，洗胃。经现场处理后，应迅速护送至医院救治。要注意对伤员污染衣物的处理，防止发生继发性损害。

（5）**烫伤和烧伤的急救**。应迅速将患者衣服脱去，用水冲洗降温，用清洁布覆盖创伤面，避免伤面污染；不要任意把水泡弄破。患者口渴时，可适量饮水或含盐饮料。轻度的烫伤或烧伤，可用药棉棍浸 90%～95% 的酒精轻涂伤处，也可用 3%～5% 的高锰酸钾溶液擦伤处至皮肤变为棕色，然后涂上獾油或烫伤药膏。较严重的烫伤或烧伤，不要弄破水泡，以防感染。要用消毒纱布轻轻包扎伤处立即送医院治疗。

（6）**化学灼伤的急救**。化学灼伤与一般的烧伤、烫伤不同，其特殊性在于：即使脱离了致伤源，但如果不立即把污染在人体上的腐蚀物除去，这些物质仍会继续腐蚀皮肤和组织，直至被消耗完为止。化学物质与组织接触时间越长、浓度越高、处理不当、清洗不彻底，烧伤也越严重。就同等程度的烧伤而言，碱烧伤要比酸烧伤严重。因为酸作用于身体组织后，一般能很快使组织蛋白凝固，形成保护膜，阻止酸性物质向深层进展。而当碱与身体组织接触后，碱能与组织变成可溶性化合物，尽管烧伤初期可能不严重，但过一段时间后，碱往往继续向深处及广处扩散，使烧伤面不断加深加大。所以，对碱烧伤紧急处理尤为重要。

（7）**发生冻伤**。应迅速复温。复温的方法是采用 40℃～42℃恒温热水浸泡，使其在 15～30 分钟内温度提高至接近正常。在对冻伤的部位进行轻柔按摩时，应注意不要将伤处的皮肤擦破，以防感染。

（8）**试剂溅入眼中**

- 立即睁大眼睛，用流动清水反复冲洗，边冲洗边转动眼球，但冲洗时水流不宜正对角膜方向。冲洗时间一般不得少于 15 分钟。
- 若是固体化学物质落入眼内，应及时取出，以免继续发生化学作用；若是碎玻璃，应先用镊子移去碎块或在盆里用水洗，切勿用手揉动。
- 若无冲洗设备或无他人协助冲洗时，可将头浸入脸盆或水桶中。努力睁大眼睛（或用手拉开眼皮），浸泡十几分钟，同样可达到冲洗的目的。注意，若双眼同时受伤，必须同时冲洗，如先冲一只眼，再冲另一只眼，后冲洗的那只势必会成为牺牲品。
- 冲洗完毕，盖上干净的纱布，速去医院眼科做进一步处理，切记不要紧闭双眼，不要用手使劲揉眼睛。

化学试剂溅入眼中时，任何情况下都要先洗涤，急救后送医院治疗。

（9）**割伤急救**。用消毒棉棍或纱布把伤口清理干净，小心取出伤口中的玻璃或固体物，然后将红药水涂在伤口的创面上。若伤口较脏，可用 3% 的双氧水擦洗或用碘酒涂在伤口的周围。但要注意，不能将红药水与碘酒同时使用。伤口消毒后再用消炎粉敷上，并加以包扎。

若伤口比较严重，出血较多时，可在伤口上部扎上止血带，用消毒纱布盖住伤口，立即送医院治疗。

你知道吗

发生化学事故后的自护常识

◆ 呼吸防护

在确认发生毒气泄漏或袭击后，应马上用手帕、餐巾纸、衣物等随手可及的物品捂住口鼻。手头如有水或饮料，最好把手帕、衣物等浸湿。最好能及时戴上防毒面具、防毒口罩。

◆ 皮肤防护

尽可能戴上手套，穿上雨衣、雨鞋等，或用床单、衣物遮住裸露的皮肤。如已备有防化服等防护装备，要及时穿戴。

◆ 眼睛防护

尽可能戴上各种防毒眼镜、防护镜或游泳用的护目镜等。

◆ 撤离

判断风向与毒源，沿上风或侧上风路线，朝着远离毒源的方向迅速撤离现场。不要在低洼处滞留。

◆ 冲洗

到达安全地点后，要及时脱去被污染的衣服，用流动的水冲洗身体，特别是曾经裸露的部分。

◆ 救治

迅速拨打“120”急救电话，及早送医院救治。中毒人员在等待救援时应保持平静，避免剧烈运动，以免加重心肺负担致使病情恶化。

知识点3 机电运输和建筑安全防范

一、电气安全

机电安全是中职生在实训中主要培养的安全意识，由于其涉及冶金、化工、医疗、建筑等各行各业，所以机电安全是我们所强调的重中之重。而且，随着电气设备在各行各业的普遍使用，电气事故已成为引起人身伤亡、爆炸、火灾事故的重要原因。

1. 电气事故发生的原因

- 电气线路、设备检修中措施不落实；电气线路、设备安装不符合安全要求。
- 非电工任意处理电气事务；接线错误；移动长、高金属物体触碰高压线。
- 在高位作业（天车、塔、架、梯等）误碰带电体触电并坠落；操作漏电的机器设备或使用漏电电动工具（包括设备、工具无接地、接零保护措施）；设备、工具已有的保护线中断。
- 电钻等手持电动工具电源线松动；水泥搅拌机等机械的电动机受潮；打夯机等机械的电源线磨损；浴室电源线受潮；带电源移动设备时因损坏电源绝缘。
- 电焊作业者穿背心、短裤、不穿绝缘鞋，汗水浸透手套，焊钳误碰自身，湿手操作机器按钮等。
- 暴风雨、雷击等自然灾害；现场临时用电管理不善。
- 个人蛮干行为，盲目闯入电气设备区内。
- 搭棚、架等作业中，用铁丝将电源线与构件绑在一起。
- 遇损坏落地电线用手拣拿等。

2. 电气事故的一般类型

（1）触电事故。它指人身触及带电体（或过分接近高压带电体）时，由于电流流过人体而造成的人身伤害事故。触电事故是由于电流能量施于人体而造成的。触电又可分为单相触电、两相触电和跨步电压触电三种。

（2）雷电和静电事故。它指局部范围内暂时失去平衡的正、负电荷，在一定条件下将电荷的能量释放出来，对人体造成的伤害或引发的其他事故。雷击常可摧毁建筑物，伤及人、畜，还可能引起火灾；静电放电的最大威胁是引起火灾或爆炸事故，也可能造成对人体的伤害。

（3）射频伤害。它指电磁场的能量对人体造成的伤害，亦即电磁场伤害。在高频电磁场的作用下，人体因吸收辐射能量，各器官会受到不同程度的伤害，从而引起各种疾病。除高频电磁场外，超高压的高强度工频电磁场也会对人体造成一定的伤害。

（4）电路故障。它是指电能在传递、分配、转换过程中，由于失去控制而造成的事故。线路和设备故障不但威胁人身安全，而且也会严重损坏电气设备。

以上四种电气事故，以触电事故最为常见。但无论哪种事故，都是由于各种类型的电流、电荷、电磁场的能量不适当释放或转移而造成的。

你知道吗

触电事故的多发情况

触电事故往往发生很突然，而且在极短的时间内造成极为严重的后果。从触电事故的发生频率来看，有以下规律：

1. 触电事故季节性明显

每年的二、三季度事故多，6~9 月最集中。主要是由于这段时间天气炎热、人体衣单而多汗，触电危险性较大；还由于这段时间多雨、潮湿，电气设备绝缘性能降低等。

2. 低压设备触电事故多

低压触电事故远多于高压触电事故。主要是由于低压设备远多于高压设备，与之接触的人又缺乏电气安全知识。

3. 冶金、矿业、建筑、机械行业触电事故多

由于这些行业有潮湿、高温、现场情况复杂，移动式设备和携带式设备多或现场金属设备多等不利因素存在，因此触电事故较多。

4. 青、中年以及非电工事故多

青、中年是接触电气设备的一线操作人员，经验不足，缺乏电气安全知识的非电工人员易发生触电事故。

5. 电气连接部位触电事故多

电气事故多发生在分支线、接户线、地爬线、接线端、压线头、焊接头、电线接头、电缆头、灯座、插头、插座、控制器、开关、接触器、熔断器等处。主要是由于这些连接部位机械牢固性较差，电气可靠性也较低，容易出现故障。

6. 误操作事故多

操作程序不规范，操作动作不熟练。

3. 实训场地环境触电危险性分类

绝大多数实训场地都有电气设备，都有可能发生电气事故。不同的实训场地，触电的危险性有区别。需要强调的是，即使触电危险性不大的环境，如果不遵守用电安全要求，也有触电的危险。

（1）触电危险性不大的环境。具备下述三个条件者，可视为触电危险性不大的环境：干燥（相对湿度不超过 75%），无导电性粉尘；金属物品少（或金属占有系数小于 20%）；地板为非导电性材料制成（木材、沥青、瓷砖等）。触电危险性不大的环境，可选用开启式配电板和普通型电气设备；使用Ⅱ类电动工具或配有漏电保护器的Ⅰ类电动工具（工具按触电保护分为：Ⅰ类工具，工具在防止触电的保护方面不仅依靠基本绝缘，而且它还包含一个附加的安全预防措施，其方法是将可触及的、可导电的零件与已安装的固定线路中的接地保护导线连接起来，以这样的方法使可触及的、可导电的零件在基本绝缘损坏的事故中不成为带电体；Ⅱ类工具，工具在防止触电的保护方面不仅依靠基本绝缘，而且它还提供双重绝缘或加强绝缘的附加安全预防措施和设有保护接地或依赖安装条件的措施；Ⅲ类工具，工具在防止触电的保护方面依靠由安全特低电压供电和在工具内部不会产生比安全特低电压高的电压）。

（2）触电危险性大的环境。凡具备下述条件之一者，即可视为触电危险性大的环境：潮湿（相对湿度大于 75%），有导电性粉尘；金属占有系数大于 20%；地板由导电性材料制成（泥、砖、钢筋混凝土等）。触电危险性大的环境，必须选用封闭式动力、照明箱（柜），使用Ⅱ类电动工具。

（3）有高度触电危险的环境。凡具备下述条件之一者（或同时具备触电危险性大的环境条件中任意两条者），即可视为有高度触电危险的环境：特别潮湿（相对湿度接近 100%）；有腐蚀性气体、蒸气或游离物质存在。有高度触电危险的环境，必须选用封闭式动力、照明箱（柜），使用Ⅲ类电动工具或配有漏电保护器的Ⅱ类电动工具，禁止使用Ⅰ类电动工具。

（4）有爆炸危险的环境。凡具备下述条件之一者，即可视为因用电不当有引发爆炸危险的环境：制造、处理和贮存爆炸性物质；能产生爆炸性混合气体或爆炸性粉尘。有爆炸危险的环境，必须选用隔爆型或防爆型电气设备，禁止使用临时用电设备。

（5）有火灾危险的环境。凡制造、加工和贮存易燃物质的环境，均属于因用电不当有引发火灾危险的环境。有火灾危险的环境用电要求与有爆炸危险的环境相同。

4. 中职生电气安全操作的基本要求

对没有电工《特种作业人员操作证》的各类专业的中职生来说，在实训时不拆装电器设备是防止电气安全事故的基本要求。插头、插座是所有电器设备中最常见、最简单的部件，但其选用是有严格要求的。中职生可以从以下要求中体会到为什么不能自行拆装电器设备：

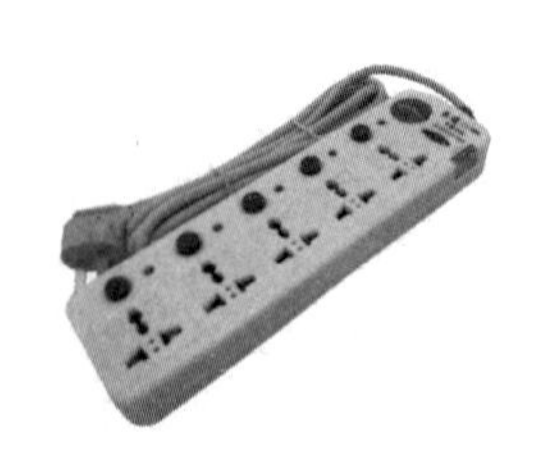

（1）插头、插座的安全操作。插头、插座的选择和安装必须与用电设备、工具和线路的负荷、电压相适应，只能用来控制 2 千瓦以下的用电设备和 0.5 千瓦的电动机，并能满足以下安全要求：

- 不同电压的插座有明显的区别，不能混用。
- 两孔插座只能用于不需要 PE 保护（即地线，从变压器中性点接地后引出主干线，根据标准，每间隔 20～30 米重复接地）的场所。横向安装时左侧接中性线，右侧接相线；纵向安装时下方接中性线，上方接相线。
- 三孔插座用于 220 伏需要 PE 保护的场所。安装时上孔接 PE 线，左侧接工作零线，右侧接相线，工作零线和 PE 线不得共用一根线。
- 四孔插座只能用于 380 伏用电设备，安装时上孔只准接 PE 线。
- 插座必须装在固定的绝缘板上，不许以电线吊用，禁止将电源线接在插头上或直接将电线插入插座使用。
- 所选插座应保证各孔相互不会混插，接 PE 线的插头应长于其他插头。
- 插座装在露天时，应有防雨安全措施。

（2）防止接触带电部件。

- **绝缘：**用不导电的绝缘材料把带电体封闭起来，这是防止直接触电的基本保护措施。但要注意绝缘材料的绝缘性能与设备的电压、载流量、周围环境、运行条件相符合。
- **屏护：**采用遮拦、护罩、护盖、箱闸等把带电体同外界隔离开来。此种屏护用于电气设备不便于绝缘或绝缘不足以保证安全的场合，是防止人体接触带电体的重要措施。

间距：为防止人体触及或接近带电体，防止车辆等物体碰撞或过分接近带电体，在带电体与带电体、带电体与地面、带电体与其他设备、设施之间，皆应保持一定的安全距离。间距的大小与电压高低、设备类型、安装方式等因素有关。

（3）防止电气设备漏电伤人。

保护接地：将正常运行的电气设备不带电的金属部分和大地紧密连接起来。其原理是通过接地把漏电设备的对地电压限制在安全范围内，防止触电事故。保护接地适用于中性点不接地的电网中，电压高于 1 000 伏的高压电网中的电气装置外壳，也应采取保护接地。

保护接零：在 380 伏 / 220 伏三相四线制供电系统中，把用电设备在正常情况下不带电的金属外壳与电网中的中性线紧密连接起来。其原理是在设备漏电时，电流经过设备的外壳和中性线形成单相短路，短路电流烧断熔丝会使自动开关跳闸，从而切断电源，消除触电危险。适用于电网中性点接地的低压系统中。

（4）采用安全电压。根据生产和作业场所的特点，采用相应等级的安全电压，是防止发生触电伤亡事故的根本性措施。我国规定的安全电压额定值的等级为 42 伏、36 伏、24 伏、12 伏和 6 伏，应根据作业场所、操作员条件、使用方式、供电方式、线路状况等因素选用。安全电压有一定的局限性，适用于小型电气设备，如手持电动工具等。

（5）漏电保护装置。漏电保护装置又称触电保安器，在低压电网中发生电气设备及线路漏电或触电时，它可以立即发出报警信号并迅速自动切断电源，从而保护人身安全。漏电保护装置按动作原理可分为电压型、零序电流型、泄漏电流型和中性点型四类，其中，电压型和零序电流型两类应用较为广泛。

（6）合理使用防护用具。在电气作业中，合理匹配和使用绝缘防护用具，对防止触电事故，保障操作人员在生产过程中的安全健康具有重要意义。绝缘防护用具可分为两类，一类是基本安全防护用具，如绝缘棒、绝缘钳、高压验电笔等；另一类是辅助安全防护用具，如绝缘手套、绝缘（靴）鞋、橡胶垫、绝缘台等。

（7）如何避免电气设备瞬间短路。瞬间短路现象即常说的电气设备“放炮”，是指电气设备因故障等原因所引起的瞬间短路现象。由此造成的设备或配电设施损坏及操作人员烧伤等事故屡见不鲜。为了保证设备和人身的安全，必须掌握避免电气设备“放炮”的以下要领：

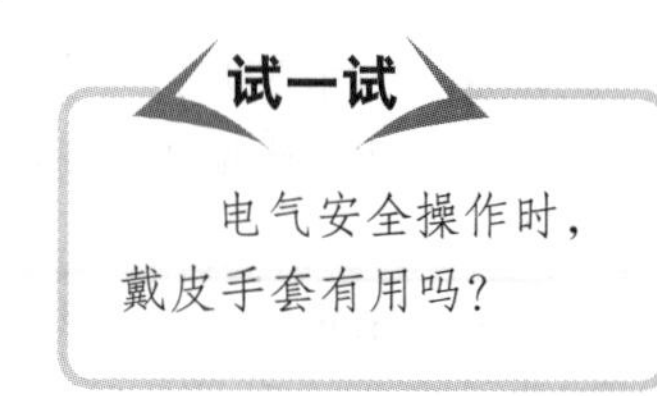

- 定期巡查和检修电气设备，消除电气设备内部故障及隐患。电气安全检查包括检查电气设备绝缘有无破损，绝缘电阻是否合格，设备裸露带电部分是否有防护，屏护装置是否符合安全要求，安全间距是否足够，保护接零或保护接地是否正确、可靠，保护装置是否符合要求，手提灯和局部照明灯电压是否是安全电压或是否采取了其他安全措施，安全用具和电气灭火器材是否齐全，电气设备安装是否合格，安装位置是否合理，电气连接部位是否完好，电气设备或电气线路是否过热，制度是否健全等内容。
- 岗位人员或电工合电气开关时，对启动大容量负载不能直接合闸运行，应用按钮操作，停运大容量负载时不能直接拽隔离开关，应先停按钮。
- 在日常检修维护工作时，电气线路的接头、封口要有足够的绝缘强度，要防潮湿、耐磨损，对新安装线路和检修的线路要用兆欧表测试绝缘合格后，方可送电运行。
- 一切电气开关的消弧装置必须齐备，户外的配电箱和操作盘应加设防雨设施。
- 严禁和避免带电作业，往往一些“放炮”事故，就是疏忽于不停电或停电后未确认所致，特别是在处理一些细微的小故障时，临时性突发性故障，人为的操作不慎造成短路“放炮”，酿成意外事故。
- 在正常合闸送电时，必须穿戴好劳保用品，为防止意外，操作人员应侧身站立于开关或按钮旁边。
- 临时停电所采取的临时接地线，恢复送电前必须及时拆除掉。

（8）中职生触电急救的基本原则是动作迅速、方法正确。**动作迅速是非常重要的，有触电者经 4 小时或更长时间的人工呼吸而得救的事例。从触电后 3 分钟开始救治者，90%有良好的效果；从触电后 6 分钟开始救治者，10%有良好的效果；而从触电后 12 分钟开始救治者，救活的可能性很小**。当通过人体的电流较小时，仅产生麻感，对身体影响不大。当通过人体的电流增大，但小于摆脱电流时，虽可能受到强烈打击，但尚能自己摆脱电源，伤害可能不严重。当通过人体的电流进一步增大，至接近或达到致命电流时，触电人会出现神经麻痹、呼吸中断、心脏跳动停止等征象，外表上呈现昏迷不醒的状态。这时，不应该认为是死亡，而应该看作是假死，并且应迅速而持久地进行抢救。

当触电者脱离电源后，应根据触电者的具体情况，迅速对症救护。

- 如果触电者伤势不重、神志清醒，但有些心慌、四肢发麻、全身无力，或者触电者在触电过程中曾一度昏迷，但已经清醒过来，应使触电者安静休息，不要走动。严密观察并请医生前来诊治或送往医院。

- 如果触电者伤势较重，已失去知觉，但还有心脏跳动和呼吸，应使触电者舒适、安静地平卧，周围不围人，使空气流通，解开他的衣服以利呼吸。如天气寒冷，要注意保温，并速请医生诊治或送往医院。如果发现触电者呼吸困难、气吸微弱，或发生痉挛，应随时为进一步抢救做准备。
- 如果触电者伤势严重，呼吸停止或心脏跳动停止，或二者都已停止，应立即施行心肺复苏。一般情况下，心脏停跳不超过 4 分钟，有可能恢复功能；若超过 4 分钟，易造成脑组织永久性损伤，甚至导致死亡。因此，急救必须及时和迅速。心跳、呼吸骤停的急救，简称心肺复苏，通常采用人工胸外挤压和口对口人工呼吸方法。应当注意，急救要尽快地进行，不能等候医生的到来。在送往医院的途中，也不能中止急救。

（9）**静电事故防护**。在石油、化学、纺织、印刷、军需、兵器和电子等许多工业部门，生产过程中因静电直接或间接引起的燃烧、爆炸、产品质量差或停产等事故时有发生。这是因为生产所用众多材料在摩擦、分离过程中，不可避免地要产生静电荷，由于它们多数属于静电绝缘体，不能自动导出电荷，因而容易聚积而产生很高的静电电位，积累的静电能量会较大，远远超过汽油和黑色火药的最小静电点火能。通常采用的防治方法有以下三类：

❶ 抑制法	静电产生属自然现象，不可能完全控制，只能设法抑制静电荷的聚积。如对物流的传递速度和人员的操作速度进行限制，把设备、输送管道等尽可能做得光滑、平直和圆整，避免拐点、棱角的出现，以利于减轻碰撞和摩擦，减少放电现象。
❷ 疏导法	把已产生的静电荷导向大地予以泄放。如将所有导体接地，使工作场所的空气湿度增大，在工作台和地面上铺设导静电材料，操作人员穿戴导静电服装，佩戴导静电手环等措施。
❸ 中和法	即在产生静电荷的物体上或场所里，原地中和静电荷，降低静电电位，消除危害。如采用感应式消电器、高压静电消电器和离子风消电器等设备。

因为静电无处不在，其危害防不胜防，难免存在防治措施未保护到的区域。因此，应消除全环境中一切物料、设备和人员在各个生产环节、整体过程中，因流动、摩擦等而产生静电聚积的可能性。在需要防静电实训场地中工作的人员，应采用全面的防静电保护，例如，穿防静电服装和防静电鞋，配备防静电椅、防静电台垫等，使人体的静电电位保持在最低程度。

你知道吗

怎样帮助触电者脱离电源

人触电以后，可能由于痉挛或失去知觉等原因而紧抓带电体，不能自行摆脱电源。因此，发现有人触电，要尽快帮助触电者脱离电源。救护者应设法切断电源，并采取以下保护措施：

◆ 救护人不可直接用手或其他金属及潮湿的物体作为救护工具，必须使用适当的绝缘工具。救护人最好用一只手操作，以防自己触电。

◆ 防止触电者脱离电源后可能的摔伤，特别是当触电者在高处的情况下，应考虑防摔措施。即使触电者在平地，也要注意触电者倒下的方向，注意防摔。

◆ 如果事故发生在夜间，应迅速解决临时照明问题，以利于抢救，并避免扩大事故。

二、运输安全

中等职业学校专业多样，其中各类专业相互交叉，所以在建筑等各种重工业与服务行业中，我们越来越多地注重驾驶机动车的能力，而这也成为提高求职者竞争力的因素之一。

1. 驾驶安全

（1）作业场地安全运输的措施。作业场地运输情况较为复杂，运输伤害事故占伤害事故总数的比例较大。作业场地运输事故包括车辆事故（撞车、翻车、翻船、脱轨、轧辗等），运搬、装卸、堆垛中物体砸伤事故。在作业场地驾驶机动车必须注意以下安全要求：

- 不能超载，货物堆放均匀、牢固，装货后的高度离地面不得超过 4 米，高出车身的货物应加以固定，车上货物伸出车厢前后的总长不能超过 2 米。
- 注意通道、照明、场地等运输作业条件。
- 装载易燃、易爆、剧毒危险货物时，必须严格执行特殊的安全规定。
- 进入易燃、易爆场所作业的车辆必须具有防爆措施，排气应安装火星熄灭器。

（2）装卸危险货物的规定。中职生在实训期间，必须遵守在《工业企业厂内运输安全规程》中的规定，装载易燃、易爆、剧毒等危险货物时，具体内容包括应遵守下列规定：

- 必须经过厂交通安全管理部门和保卫部门批准，按指定的路线和时间行驶。必须由具有 5 万公里和三年以上安全驾驶经历的驾驶员驾驶，并选派熟悉危险品性质和有安全防护知识的人担任押运员。必须用货运汽车运输，禁止用汽车挂车和其他机动车运输。
- 车上应根据危险货物的性质配备相应的防护器材，车辆两端上方需插有危险标志。车厢周围严禁烟火。
- 应在货车排气管消音器外装设火星罩，易燃货物专用车的排气管应在车厢前一侧，向前排气。装载液态易燃、易爆物品的罐车，必须挂接地静电导链；装载液化气体的车辆应有防晒措施；装载氯化钠、氯化钾和用铁桶装一级易燃液体时，不得使用铁底板车辆；装载剧毒品的车辆，用后应进行清洗、消毒。
- 不得与其他货物混装；易燃、易爆物品的装载量不得超过货车载重量的 2/3，堆放高度不得高于车厢栏板。两台以上车辆跟踪运输时，两车最小间距为 50 米，行驶中不得紧急制动、严禁超车。
- 中途停车应选择安全地点，中途停车或未卸完货物前，驾驶员和押运员不得离车。
- 易燃易爆化学物品装卸作业，必须严格遵守操作规程，轻装轻卸，不准摔碰、撞击、重压、倒置。装卸过程中，应根据危险物品的不同特性，采取相应安全措施。温度的变化对化学物品的安全储存有着显著的影响，环境温度越高，不安全因素越多，火灾危险性也就越大。夏季高温时期，在作业时间上应进行控制，防止化学危险物品暴露在高温和强烈阳光下。

2. 装载安全防范措施

机动车载人、载物必须严格按照规定操作。不要超过行驶证上核定的载人数和载重量。装载货物须均衡，捆扎牢固。装载容易散落、飞扬、流漏的物品时，须封盖严密。

超载违背力学原理，极易在刹车、转弯等特殊操作时判断错误，将人、货甩出车厢，甚至造成翻车。另外捆扎不牢的货物也容易从车厢滑落，威胁到来往的车辆行人。

（1）车辆载物的具体规定。

- 大型货运汽车载物，高度从地面起不准超过 4 米，宽度不准超出车厢，长度前端不准超出车身，后端不准超出车厢 2 米，超出部分不准触地。

- 大型货运汽车挂车和大型拖拉机挂车载物，高度从地面起不准超过 3 米，宽度不准超出车厢，长度前端不准超出车厢，后端不准超出车厢 1 米。
- 载重量在 1 000 千克以上的小型货运汽车载物，高度从地面起不准超过 2.5 米，宽度不准超出车厢，长度前端不准超出车身，后端不准超出车厢 1 米。
- 载重量不满 1 000 千克的小型货运汽车、小型拖拉机挂车、后三轮摩托车载物，高度从地面起不准超过 2 米，宽度不准超出车厢，长度前端不准超出车厢，后端不准超出车厢 50 厘米。
- 载物长度未超出车厢后栏板时，不准将栏板平放或放下；超出时，货物栏板不准遮挡号牌、转向灯、制动灯、尾灯。

（2）避免驾车事故，注意“危险时段”。

❶ 中午	大约在中午 11 时至 13 时，由于人的大脑神经已趋疲劳，导致反应灵敏度减弱，加之有的司机急于赶路，把本该吃饭的时间一拖再拖，饥肠辘辘，手脚发软，极易发生意外。另外，午餐后人体内大量血液集中作用于胃肠等消化器官，脑部供血相对减少，会出现短暂的困倦感，应休息一会儿，千万不要急于加班开疲劳车。
❷ 晚饭后	大约在 17 时至 19 时。该时段通常为黄昏阶段交通事故的高发期。因为光线渐渐变暗，驾驶员容易出现视觉障碍，而且经过一天工作，精神疲惫，极易发生交通事故。
❸ 午夜	大约 23 时至 3 时，此时万籁俱寂，万物处于“休眠状态”，路上行人车辆稀少，驾驶员易产生麻痹心理，此外，这段时间为全天温度最低时刻，易导致大脑反应迟钝，血压降低，手足血管神经僵硬、麻痹。这些都加大了交通事故发生的概率。

你知道吗

安全驾车严于律己

驾驶员在日常操作中应做到的基本要求是“一安、二严、三勤、四慢、五掌握”：

一安：要牢固树立“安全第一”的思想。

二严：要严格遵守操作规程和交通规则。

三勤：要脑勤、眼勤、手勤。在操作过程中要多思考，知己知彼，严格做到不超速、不违章、不超载；要知车、知人、知路、知气候、知货物；要眼观六路，耳听八方，瞻前顾后，要注意上下、左右、前后的情况；对车辆要勤检查、勤保养、勤维修、勤搞卫生。

四慢：情况不明要慢；视线不良要慢；起步、停车要慢；通过交叉路口、狭路、弯路、人行道、人多繁杂地段要慢。

五掌握：要掌握车辆技术状况、行人动态、行区路面变化、气候影响、装卸情况等。

三、建筑安全

建筑行业属于机械与人力双重运作的实训场地，不但涉及机电、起重、搬运安全，而且还与多种其他行业安全有关，因此安全隐患也相对较多。这里重点介绍高空作业与起重搬运操作安全。

1. 高空安全作业

距地面 2 米以上，工作斜面坡度大于 45°，工作地面没有平稳的立脚地方或有震动的地方，视为高空作业。高空作业不仅在建筑业有，电工、高楼清洗等工种也需要进行高空作业。

（1）高空作业基本要求。

- 首先，高空作业区地面要划出禁区，用篱笆围起，并挂上“闲人免进”“禁止通行”等警示牌。夜间作业，必须设置足够的照明设施，否则禁止施工。靠近电源（低压）线路作业前，应先停电。确认停电后方可进行工作，并应设置绝缘挡壁。作业者最少离开电线（低压）2 米以外，禁止在高压线下作业。遇六级以上大风时，禁止露天进行高空作业。进行高空焊接、氧割作业时，必须事先清除火星飞溅范围内的易燃易爆器。当结冻积雪严重，无法清除时，停止高空作业。
- 其次，在登高前，必须穿戴防护用品，裤角要扎住，戴好安全帽，不准穿光滑的硬底鞋。要有足够强度的安全带，并应将绳子牢系在坚固的建筑结构件上或金属结构架上，不准系在活动物件上。施工负责人必须再次进行现场安全教育，并再次检查所用的登高工具和安全用具。

☂ 最后，高空作业所用的工具、零件、材料等必须装入工具袋。上下时手中不得拿物件；必须从指定的路线上下，不得在高空投掷材料或工具等物；不得将易滚易滑的工具、材料堆放在脚手架上；不准打闹。工作完毕应及时将工具、零星材料、零部件等一切易坠落物件清理干净，以防落下伤人，上下大型零件时，应采用可靠的起吊机具。

（2）高空作业的安全措施。

☂ 严禁上下同时垂直作业。若特殊情况必须垂直作业，应经有关领导批准，并在上下两层设置专用的防护棚或者其他隔离设施。严禁坐在高空无遮拦处休息。卷扬机等各种升降设备严禁上下载人。

☂ 在石棉瓦屋面工作时，要用梯子等物垫在瓦上行动，防止踩破石棉瓦坠落。不论任何情况，不得在墙顶上工作或通行。脚手架的负荷量、每平方米不能超过270千克，如负荷量必须加大，架子应适当加固。超过3米长的铺板不能同时站两人工作。脚手板、斜道板、跳板和交通运输道，应随时清扫。如有泥、水、冰、雪，要采取有效防滑措施，并经安全员检查同意后方可开工。使用梯子时，必须先检查梯子是否坚固，是否符合安全要求，立梯坡度60°为宜。梯底宽度不低于50厘米，并应有防滑装置。梯顶无搭勾，梯脚不能稳固时，须有人扶梯，人字梯拉绳必须牢固。

2. 起重的安全作业

起重作业作为中职教育中的复杂实训，环境复杂，危险性较大。所以，中职生在与起重作业无关的岗位参加实训，应远离起重场所。如果实训岗位与起重设备关系密切，则应注意安全站位，保护自身安全。不但自己要时刻注意，还需要互相提醒、检查落实，以防不测。

中职生在起重作业中，必须了解有些位置十分危险，如吊杆、吊物下，被吊物起吊前区，导向滑轮钢绳三角区和快绳周围，斜拉的吊钩或导向滑轮受力方向等。所以，中职生尽力在实训过程中，眼明手快，避免把自己与他人推入危险环境之中。

（1）引发起重安全事故的原因。

❶ 超重作业

吊索具安全系数小或对起吊物估重不准，切割不彻底、拽拉物多，连接部位未被发现强行起吊等，造成吊车、吊索具骤加荷重冲击而导致意外。

滑轮、绳索选用不合理，对因快绳夹角变化而导致滑轮和拴滑轮的绳索受力变化的认识不足，导向滑轮吨位选择过小，拴滑轮的绳索选择过细，受力过载后造成绳断轮飞。

❷ 操作不当

起重作业涉及面大，经常使用不同单位、不同类型的吊车。吊车日常操作习惯不同、性能不同，再加上指挥信号的差异影响，容易发生误操作等事故。

- 吊装工具或吊点选择不当。设立吊装工具或借助管道、结构等作吊点吊物缺乏理论计算，靠经验估算的吊装工具、管道、结构吊物承载力不够，一处失稳，导致整体坍塌。
- 起重工作已经结束，当吊钩带着空绳索具运行时，自由状态下的吊索具挂拉住已摘钩的被吊物或其他物体，操作的司机或指挥人员如反应不及时，极易发生事故。
- 空中悬吊物较长时间没有加封安全保险绳。有的设备或构件由于安装工艺程序要求，需要先悬吊空中，后就位固定。由于悬吊物在空中停留时间较长，如果没有安全保险绳，一旦受到意外震动、冲击或断线等伤害，将造成悬吊物坠落的严重后果。
- 吊车站位没有进行咨询。没有及时发现周围环境中的高压线路、运转设备、燃氧管道泄漏点等隐患。
- 吊车长臂杆起吊重物时，由于吊车臂杆受力下“刹”，杆头与重物重心垂直线改变，如果起杆调正不准，造成被吊重物瞬间移位，引发事故。
- 风力超过安全规定时，易出事故。
- 未设警示区。大件吊装及高空作业下方危险区域未及时拉设安全警示区和安排安全监护人，导致他人不明情况进入危险区域而发生事故。

❸ 绑扎不牢

成束材料垂直吊送捆缚不牢，致使吊物空中一旦颤动、受刮碰即失稳坠落或“抽签”。

滚筒缠绳不紧。大件吊装拆除，吊车或机动卷扬机滚筒上缠绕的钢绳排列较松，致使受大负荷的快绳勒进绳束，造成快绳剧烈抖动，极易失稳。

临时吊鼻焊接不牢，也是引发事故的重要原因。

（2）起重作业的安全防护措施。

❶ 起重机安全操作规定。

司机接班时，应对制动器、吊钩、钢丝绳和安全装置进行检查。发现性能不正常时，应在操作前排除。

开车前，必须鸣铃或报警。操作中接近人时，也应给出断续铃声或警报。操作应按指挥信号进行。对紧急停车信号，不论何人发出，都应立即执行。

当起重机上或其周围确认无人时，才可以闭合主电源。当电源电路装置上加锁或有标牌时，应由专管人员除掉后才可闭合主电源。闭合主电源前，应使用所有的控制器手柄置于零位。工作中突然断电时，应将所有的控制器手柄扳回零位。在重新工作前，应检查起重机工作是否都正常。

在轨道上露天作业的起重机，当工作结束时，应将起重机锚定住。当风力大于6级时，一般应停止工作，并将起重机锚定住。对于在沿海工作的起重机，当风力大于7级时，应停止工作，并将起重机锚定位。

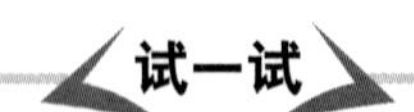

建筑工人的安全帽，为什么头不能接触到帽内的顶部？

司机进行维护保养时，应切断主电源并挂上标志牌或加锁。如存在未消除的故障，应通知接班司机。

❷ 正确使用吊具、索具。

用于起重吊运作业的刚性取物装置称为吊具，如吊钩、抓斗、夹钳、吸盘、专用吊具等。用于系结工件的柔性工具称为索具，如钢丝绳、环链、合成纤维吊带等，端部配件常用的吊环、卸扣、绳卡等。吊具、索具使用不当引起重物坠落，是起重事故发生的重要原因。正确使用吊具、索具的要求如下：

使用者应熟知各类吊索具及其端部配件的本身性能、使用注意事项、报废标准。所选用的吊索具应与被吊工件的外形特点及具体要求相适应，决不能应付使用。

作业前，应对吊索具及其配件进行检查，确认完好后，方可使用。吊具及配件不能超过其额定起重量，吊索不得超过其相应吊挂状态下的最大工作载荷。

作业中应防止损坏吊索具及配件，必要时在棱角处应加护角防护。吊挂前，应正确选择索点；提升前，应确认捆绑是否牢固。

❸ 传送设备的安全使用。

最常用的传送设备有皮带、滚轴或齿轮传送装置。

传送设备可能出现的安全问题有以下几种：

- **夹钳**：肢体夹入运动的装置中。
- **擦伤**：肢体与运动部件接触而被擦伤。
- **卷入伤害**：肢体被卷入到机器轮子、带子之中。
- **撞击伤害**：不正确的操作或者材料高空坠落造成的伤害。

同种常见传送设备危害的预防和消除方法如下：

- 带式传送设备。夹伤最易产生在传送带及传动轮的结合部位，传动轮是最主要的危险部位，因此要求对其封闭，或者设有安全装置。在皮带转向、加料及设有导向轮的地点，也有导致夹伤的危险，因此也应采取类似的安全措施。在传输带上，也要以使用全封闭或有绊网来切断原料供应这样一类形式的安全装置。对于长的传送带，在适当的间隔上，应提供安全入口。
- 滚轴传输。滚轴可以是有动力的，也可以是无动力的，对于动力驱动形式，在动力驱动轴处要有安全装置。在传送带上方需要通道时，应提供专门的通道设施。
- 齿轮传输。任何时候都要求有安全装置，只有在驱动器锁定时，才能进行保养及维修。

3. 拆除安全作业

拆除区周围应设立围栏，挂警告牌，并派专人监护，严禁无关人员逗留。

拆除工程在施工前，应将电线、瓦斯煤气管道、上下水管道、供热设备管道等干线、通向该建筑物的支线切断或迁移。拆除过程中，现场照明不得使用被拆建筑物中的配电线，应另外设置配电线路。

拆除作业时，应该站在专门搭设的脚手架上或其他稳固的结构部分上操作。建筑物拆除时，应按屋顶板→屋架或梁→承重砖墙或柱→基础顺序进行，自上而下，禁止数层同时拆除。当拆除某一部分的时候应防止其他部分倒塌。

4. 搬运安全作业

许多实训场地，往往还配备各种设备。所以，在搬运、起重过程中，中职生必须了解作业过程的危险性，相应的操作安全，也是中职生安全教育的中心。

简易人力搬运的安全要求：

手工搬运是比较繁重的体力劳动，如果互相配合不好、工具使用不当，也容易造成工伤事故。

❶ 肩扛	肩扛的重量以不超过本人体重为宜。最好有人搭肩，搭肩应稍下蹲，待重物到肩后，直腰起立，不能弯腰，以防扭伤腰部。
❷ 肩抬	两个以上抬运重物时，必须同一顺肩。换肩时重物须放下。多人抬运时，必须有一人喊号，以求步调一致。

❸ 使用跳板	有时候手工装卸时需要使用跳板。如果对它选择不当，搭架不好，往往会造成摔伤。为此，在使用跳板时，应注意：必须使用厚度大于 50 毫米的跳板，凡腐朽、扭曲、破裂的跳板，均不得使用。单行跳板，其宽度不得小于 0.6 米。双行跳板，其宽度不得小于 1.2 米。跳板坡度不得大于 1∶3。凡超过 5 米长的跳板，下部应设支撑。跳板两头应包扎铁箍，以防裂开。
❹ 使用撬杠	应根据具体情况采用长短大小不同的撬杠（0.5～1.6 米）。操作时，撬杠应放在身体一侧，两腿叉开，两手用力。不准站在或骑在撬杠上面工作，也不准将撬杠放在肚子下，以防发生事故。
❺ 使用滚杠	移动较为沉重的重物时，一般多采用滚杠，即在重物的下方，放入托板，在托板的下方放入滚杠。这样在移动重物时可大大减少推移的力量。使用的滚杠须大小一致，长短适合，长度最好不超过托板两侧 100～150 毫米。在移动中需要增加滚杠时，必须停止移动。调正方向时，要用锤击，不得用手调。拿取滚杠时，四指伸进筒内，拇指压在上方，以防压手。

你知道吗

卷扬机的安全使用

卷扬机是最常用的传送设备，分手动和电动两种，它既是起重设备又是运输牵引设备。

◆ 卷扬机与支承面的安装定位，应平整牢固；

◆ 卷扬机卷筒与导向滑轮中心线应对中，注意卷筒轴心线与滑轮轴心线的距离，光卷筒不应小于卷筒长的 20 倍，有槽卷筒不应小于卷筒长的 15 倍；

◆ 钢丝绳应从卷筒下方卷入；

◆ 卷扬机工作前，应检查钢丝绳、离合器、制动器、棘轮棘爪等，可靠无异常，方可开始吊运。重物长时间悬吊时，应该用棘爪支住；

◆ 吊运中突然停电时，应立即断开总电源，手柄扳回零位，并将重物放下，对无离合器手控制动的，应监护现场，防止意外事故。

知识点 4 农业与护理安全防范

农业和护理专业是现代中职院校相对较热门的专业，我国作为农业大国，一直坚持以先进科学和现代管理为主，而相对农业，护理专业则要求以科学方法和专业精神为重，所以，掌握牢固的安全教育知识是农业和护理专业的必备知识。

一、农业

1. 禽流感的防治

（1）禽流感概述。**禽流感是禽流行性感冒的简称。是由 A 型禽流行性感冒病毒引起的一种禽类（家禽和野禽）以及人、畜共患的急性传染病**。根据致病力不同，禽流感可分为高致病性、低致病性和非致病性三大类。高致病性禽流感发病率和死亡率非常高，感染的鸡群常常“全军覆没”。禽流感的潜伏期从数小时到数天，最长可达 21 天。高致病性禽流感的潜伏期短，在潜伏期内有传染的可能性，一年四季均可流行，但在冬季和春季容易流行。

- 症状依感染禽类的品种、年龄、性别、并发感染程度、病毒毒力和环境因素等而有所不同。主要表现为呼吸道、消化道、生殖系统或神经系统的异常。
- 常见症状有：病鸡精神沉郁，消瘦，饲料消耗量减少；母鸡的就巢性增强，产蛋量下降；轻度直至严重的呼吸道症状，包括咳嗽、打喷嚏和大量流泪；头部和脸部水肿，神经紊乱和腹泻。这些症状中的任何一种都可能单独或以不同的组合出现。有时疾病暴发很迅速，在没有明显症状时就已发现鸡死亡。
- 急性感染的禽流感无特定临床症状，在短时间内可见食欲废绝、体温骤升、精神高度沉郁，伴随着大批死亡。新城疫病毒感染与禽流感有明显的区别。它们的病毒种类不同，禽流感是正粘病毒科，新城疫是副粘病毒科，新城疫病毒感染在早期可见典型临床症状：潜伏期较长，有呼吸道症状，下痢，食欲减退，精神委顿，后期出现神经症状。
- 许多家禽如鸡、火鸡、珍珠鸡、鹌鹑、鸭、鹅等都可感染发病，但以鸡、火鸡、鸭和鹅多见，以火鸡和鸡最为易感，发病率和死亡率都很高；鸭和鹅等水禽的易感性较低，但可带毒或隐性感染，有时也会有大量死亡。各种日龄的鸡和火鸡都可感染发病死亡，水禽如雏鸭、雏鹅死亡率较高。

（2）禽流感传播途径。禽流感的传播有病禽和健康禽直接接触和病毒污染物间接接触两种。禽流感病毒存在于病禽和感染禽的消化道、呼吸道和禽体脏器组织中。因此，病毒可随眼、鼻、口腔分泌物及粪便排出体外，含禽病毒的分泌物、粪便、死禽尸体污染的任何物体，如饲料、饮水、鸡舍、空气、笼具、饲养管理用具、运输车辆、昆虫以及各种携带病毒的鸟类等均可机械性传播。健康禽通过呼吸道和消化道感染，引起发病。

实验表明，感染鸡的蛋中含有流感病毒，因此不能用污染鸡群的种蛋作孵化用。

（3）预防禽流感的措施。

- 禽类发生高致病性禽流感时，因发病急、发病和死亡率很高，目前尚无好的治疗办法。按照国家规定，凡是确诊为高致病性禽流感后，应该立即对三公里以内的全部禽类扑杀、深埋，其污染物做好无害化处理。这样，可以尽快扑灭疫情，消灭传染源，减少经济损失，这是扑灭禽流感的有效手段之一，应该坚决执行。

  我国已经成功研制出预防 H5N1 高致病性禽流感的疫苗。非疫区的养殖场应该及时接种疫苗，从而达到防止禽流感发生的目的。一旦疫情发生，必须对疫区周围五公里范围内的所有易感禽类实施疫苗紧急免疫接种，同时，在疫区周围建立免疫隔离带。疫苗接种只用于尚未感染高致病禽流感病毒的健康鸡群。紧急免疫接种，必须在兽医人员的指导下进行。
- 流感病毒可以随感染发病禽的粪便和鼻腔分泌物排出，而污染禽舍、笼具、垫料等。禽流感病毒在外界环境中存活能力较差，只要消毒措施得当，养禽生产实践中常用的消毒剂，如醛类、含氯消毒剂、酚类、氧化剂、碱类等均能杀死环境中的病毒。对污染的禽舍进行消毒时，必须先用去污剂清洗以除去污物，再用次氯酸钠溶液消毒，最后用福尔马林和高锰酸钾熏蒸消毒。铁制笼具也可采用火焰消毒。由于粪便中含病毒量很高，因此在处理时要特别注意。粪便和垫料直接通过掩埋方法来进行处理，对处理粪便和垫料所使用的工具要用火碱水或其他消毒剂浸泡消毒。
- 对禽流感的预防必须采用综合性预防措施。养殖场远离居民区、集贸市场、交通要道以及其他动物生产场所和相关设施；不从疫区引进种蛋和种禽；对过往车辆以及场区周围的环境，孵化厅、孵化器、鸡舍笼具、工作人员的衣帽和鞋等进行严格的消毒；采取全进全出的饲养模式，杜绝鸟类与家禽的接触；在养殖场中应专门设置供工作人员出入的通道，对工作人员及其常规防护物品应进行可靠的清洗及消毒；严禁一切外来人员进入或参观动物养殖场区。在受高致病禽流感威胁的地区，应在当地兽医卫生管理部门的指导下进行疫苗的免疫接种，定期进行血清监测以保证疫苗的免疫预防效果确实可靠。
- 鸡不与鸭鹅等水禽混养。因为，水禽中各种亚型的流感病毒的携带率很高，有的不表现任何临床症状，其粪便中的病毒感染鸡后，可造成禽流感的发生与流行，从而导致严重的经济损失。

- 家禽不与猪混养。因为家禽的流感病毒可以感染给猪，而人的流感病毒也能传染给猪。由于流感病毒具有 8 个不同的核酸片段，当这两种不同的病毒粒子共同感染一个细胞时，其核酸片段会发生重新组合与排列而产生新型流感病毒粒子，这种新型流感病毒粒子对人类常能形成大的流行，而造成很大的危害。
- 发展集约化饲养。集约化饲养的家禽由于环境隔离条件较好，人员和物流控制严格，加上良好的兽医卫生防疫措施，因此感染禽流感的机会少，一旦发生也能够迅速采取控制措施。放牧或放养的家庭因比较容易接触其他禽类、候鸟或者被这些野生动物污染过的环境、饲料和饮水，感染禽流感的概率大大增加。

  农民自家小规模饲养的鸡、鸭，应注意禽舍的清洁卫生，自觉接受动物防疫监督机构的监测。如果在禽流感受威胁区内，应给鸡、鸭注射有效的疫苗。一旦发现疑似高致病性禽流感疫情，应立即向当地动物防疫监督机构报告，并对疫点采取封锁隔离措施，防止疫情扩散。
- 严格禁止经营野生鸟类的活动。禽流感病毒能感染许多种野生鸟类，特别是迁徙的水禽，候鸟往往是禽流感病原传播的真正来源。野生鸟类活动范围广，特别是候鸟还具有定期长距离迁飞的习性，既存在受疫源侵染致病的可能，也存在传播疫病的潜在隐患。若其一旦感染高致病性禽流感疫病，不仅将威胁到野生鸟类种群的安全，更为严重的是存在沿途传播疫病的隐患。
- 国家林业局要求各地及时掌握野生鸟类迁飞动态及疫情信息，对野生鸟类迁飞停歇地及集群活动区实行严密监控，严厉打击乱捕滥猎野生鸟类的犯罪行为，防止野生鸟类流入市场。要求严格禁止经营野生鸟类的活动，立即停止野生鸟类运输，严厉打击非法盗猎、偷捕、经营、运输、走私野生鸟类的行为。

（4）孵化厂和育雏室的防治措施。

- 孵化厂设计合理。应该做到从进蛋室开始，鸡蛋装盘、孵化、出雏、等候室和一日龄雏装运室到运输车载运区，应是单行交通路线。孵化室必须有利于彻底清洗和消毒，通风系统应能够防止被污染的空气和尘埃重新循环。
- 做好种蛋的收检和及时消毒工作。种鸡产蛋后要定时收集，并及时清除表面的污物，淘汰污染严重和有裂纹的蛋。
- 入孵前做好孵化器、孵化用蛋盘、种蛋和出雏器的清洗消毒工作。
- 对运雏车辆和设备要进行彻底消毒，防止交叉感染。
- 在兽医卫生管理部门的指导下，对种鸡进行免疫接种，同时对雏鸡也进行疫苗的免疫接种。

你知道吗

人类预防禽流感的方法

（1）普通人群如何预防禽流感。

一般情况下，普通市民接触不到高致病性禽流感病禽，因为市场上销售的禽类和禽类制品是经过兽医卫生部门的检验和检疫的，病禽和不合格禽类制品不会进入市场流通。所以说高致病性禽流感不能直接对普通市民构成威胁。另一方面，禽流感病毒对高温比较敏感，60° ~70℃、2 ~ 10 分钟就可将其灭活。市场上销售的经过煮熟的禽肉、蛋及其禽类制品可放心食用，不必造成恐慌。但应注意：避免接触病（死）鸡、鸭等禽类，避免与禽流感患者接触，避免食用未煮熟的鸡、鸭等禽类食品；不随意进出疫区，接触禽类后要及时洗手，发现有疑似流感症状要及时就诊。

中国每年的鸡蛋生产量占到全世界鸡蛋生产量的 43%，鸡蛋是我国人民最常用的食品之一。在疫区的鸡蛋有可能被感染上病毒，因此应把鸡蛋煮熟、煎熟后再吃。

（2）饲养人员如何预防禽流感。

❶ 养成良好的卫生习惯，工作时要穿上工作服，最好戴上口罩。

❷ 减少人体直接接触家禽的机会，工作服要经常清洗、消毒。

❸ 接触污物后要洗手，处理鸡场粪污时应戴手套。

❹ 发生疫情时要尽量减少与禽类的接触，接触禽类应戴上手套和口罩，穿上防护衣等。

如果与高致病性禽流感病禽有过接触，也不要恐慌。因为家禽将病传染给人的概率很低。但若与高致病性禽流感病禽有过接触，如果出现感冒样症状，应当马上去医院就诊，积极配合医生进行诊断与治疗。

2. 猪链球菌病的防治

猪链球菌病是由猪链球菌感染引起的一种人畜共患病，其中猪链球菌Ⅱ型引起的人畜疾病最为严重。人主要通过手、脚等处皮肤伤口感染病菌而发病，严重者会导致死亡。

人感染猪链球菌病，会出现畏寒、高热、头痛、呕吐和皮肤有出血点、淤点、淤斑等症状。

人在宰杀、切割、清洗、销售病（死）猪时容易感染猪链球菌病，尤其是手部有伤口的人员，会通过伤口感染猪链球菌而发病。

预防感染猪链球菌病的主要办法是：

病（死）猪应就地深埋或焚烧，禁止抛入河、沟、水塘等水体内；购买经过正规屠宰检验程序的猪肉，不要购买来历不明的猪肉，特别是病猪肉、死猪肉。

3. 炭疽的防治

炭疽是一种由炭疽杆菌引起的人畜共患的急性传染病。炭疽分 3 种类型，其中皮肤炭疽占炭疽总数的 95%。皮肤炭疽的临床表现为：皮肤感染了炭疽杆菌后，快则 12 个小时，慢则 5 天，就会出现不适症状。患者感觉发热、头痛、四肢酸痛，并在细菌入侵部位出现红色稍肿的小突起，感觉有些痒。1～2 天内突起越来越大，皮肤越来越红，在突起周围出现一圈小水泡。随后水泡破溃，中央溃烂，形成一个大溃疡。溃疡底部是一个厚的皮革样的黑色痂皮。炭疽的最大特点是，虽然皮肤破损明显，但并不感到疼痛。一般 2～3 周后，痂皮脱落形成疤痕。感染皮肤炭疽后患者要及时治疗，避免病菌进入体内器官而导致死亡。

牛、羊、猪、马、驴、骡等草食动物是炭疽的主要传染源。传播途径主要有两种：一是接触传播，人接触了患病动物的皮、毛等，炭疽杆菌可经破损的皮肤进入人体而使人感染疾病；二是呼吸道传播，人吸入了炭疽杆菌的芽孢后可患肺炭疽。

预防方法：

❶ 隔离患者及病（死）畜。患者应该隔离至创口愈合、痂皮脱落、症状消失。病（死）畜应焚毁或深埋，坑内应撒漂白粉或生石灰。

❷ 严禁剥食或贩卖炭疽病畜的肉和皮毛。

❸ 可能感染炭疽病的畜牧业、屠宰业、畜产品采购加工业等从业人员应接种疫苗。

4. 疯牛病的防治

疯牛病全称为“牛海绵状脑病”，是一种发生在牛身上的进行性中枢神经系统病变，症状与羊瘙痒症类似，俗称“疯牛病”。目前，能够预防和杀灭感染性细菌、病毒的所有一般性措施都不能有效地杀灭“疯牛病因子”。

过去医学界以为疯牛症只会通过食用受感染的牛肉传染，但最新实验显示此病不但可直接传染，而且还可以跨物种传染，其他物种如猪、羊、鸡甚至人也有可能受到直接感染。

你知道吗

防范疯牛病

我国还没有发现疯牛病，为了预防疯牛病传染人，保障我国人民身体健康和生命安全，卫生部和国家出入境检验检疫局联合发布公告：禁止进口和销售来自疯牛病国家的以牛肉、牛组织、脏器等为原料生产制成的食品；禁止邮寄或旅客携带来自疯牛病国家的上述物品或产品入境，一旦发现，即行销毁。禁止进口和销售来自发生疯牛病国家的具体产品为：牛的脑、脊髓、眼、牛肉、牛骨、牛内脏、牛胎盘及其用上述原料加工制成的食品，包括牛肉汉堡、牛排、牛肉罐头、牛肉香肠、牛肉松等，但乳制品不在禁止范围。

5. 农药使用知识

中职生在农药生产、包装、运输、销售和使用等有关岗位参加实训，都有可能直接接触农药。大家都知道“是药三分毒”，更何况作为农业药品，更需培养中职生使用安全意识。

（1）农药安全使用的基本要求。农药被人们接触并被人体吸收后，达到一定剂量，对人身就会产生各种影响，产生中毒现象。农药几乎可危害人体神经、循环、呼吸、生殖、消化、排泄等每一个系统，以及人体的大部分主要器官如眼、心脏、肝脏、肾等。使用时必须做到以下要求：

- 喷药人员要做到“四禁三防”。

  四禁：禁用生活饮用水桶配药，盛药水的桶没洗净不能直接下井、沟、河提水；禁用手直接搅拌药水；禁止酒后喷洒农药；哮喘病、气管炎、皮炎、胃病和心脏病患者及孕妇和哺乳期的妇女，不能从事施药工作。

  三防：远离生活饮用水源配制药水；配药时穿戴防护用品，如乳胶手套、塑料围裙、口罩等；站在上风侧喷药，防止毒物吸入体内。

- 施药人员在施药时要严守操作规程。穿戴防护用具、长衣裤，暴露皮肤要用肥皂擦涂，顺风隔行喷药。喷药时不吃东西，施药后要洗手、洗澡、换衣，避免农药经口、皮肤吸收。
- 要有固定的地方妥善保管、存放农药。瓶上要标明农药名称，千万不能与食物存放在一起，防止误用误食等意外事故的发生。
- 选择适宜的天气用药。高温期间尽量在早晚施药，避开中午高温。每次施用农药时间不要超过3个小时，应注意在大风、大雨天气不施农药。

- 注意农药安全间隔期。为减少农药对产品的污染，在限定用药次数、剂量的基础上，要按安全间隔期用药。如甲胺磷用于早稻治虫时，应距收获期 25 天内停用；用于晚稻时，应距收获期 35 天内停用。蔬菜、瓜果上市前 15～30 天不能喷洒农药。
- 严格按照说明配制药液浓度，限制或禁用高毒农药。应选用中、低毒农药，且避开高温时间施洒。注意不能随便使用混配农药，以免增加毒性。

（2）**农药存放与使用安全警示**。农药也有易分解的、易燃的和易爆炸的，而且是有毒的，所以，农药不能和化肥贮放在一起。

- 使用农药的每一环节都可能导致农药使用者接触农药，从而可能造成中毒。
- 田间或温室作物喷药，飞机喷药，攀缘乔灌木、果树施药以及在刚喷洒过农药的作物中行走，光脚或穿拖鞋施用农药，逆风施用农药，都有可能让人接触农药。
- 农药浸种、熏蒸库、农药称量和配制过程中，有可能让人接触农药。
- 打开容器、稀释和混合农药，从一容器倒入另一容器，洗刷普通喷雾器、运输农药的汽车、拖拉机、飞机时（干的残留农药毒性很大），有可能让人接触农药。
- 处理农药过程中或处理农药的间歇中饮食、吸烟或咀嚼，工作服口袋中装带香烟、口嚼物或其他食品，穿被农药污染的衣服，从而让人接触农药。
- 处理农药时所穿带的防护用具破损，喷嘴阻塞时为使其通畅而用嘴直接吹气，从而让人接触农药。

若贮存农药的地方离食物贮存地或水源太近，将清洗过农药器具的洗涤水倒入河流，运过农药的运载工具未经彻底清洗又做他用，使用装过农药的桶放其他物品，都会让人接触农药。

你知道吗

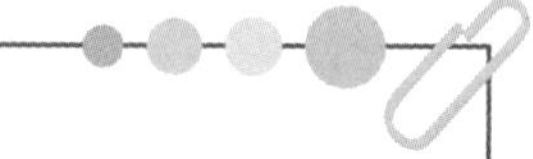

农药中毒自救小常识

◆经皮肤引起的中毒者。根据现场观察，如发现身体有被农药污染的迹象，应立即脱去被污染的衣裤，迅速用清水冲洗干净或用肥皂水（碱水也可）冲洗。如是敌百虫中毒，则只能用清水冲洗，不能用碱水或肥皂水冲法（因敌百虫遇碱性物质会变成更毒的敌敌畏）。若眼内溅人农药，立即用淡盐水连续冲洗干净。

◆因呼吸引起的中毒者。观察现场，如中毒者周围空气中农药味很浓，可判断为吸入中毒，应立即将中毒者带离现场。在空气新鲜的地方，解开衣领、腰带，去除假牙及口、鼻内可能有的分泌物，使中毒者仰卧并头部后仰，保持呼吸畅通，注意身体的保暖。

◆经食入引起的中毒者。根据现场中毒者的症状，如是经口引起的中毒，应尽早采取引吐洗胃、导泻或对症使用解毒剂等措施。但在现场一般条件下，只能对神志清醒的中毒者采取引吐的措施来排除毒物（昏迷者待其苏醒后进行引吐）。引吐的简便方法是给中毒者喝 2 000～3 000 毫升水（浓盐水或肥皂水也可），然后用干净的手指或筷子等刺激咽喉部位引起呕吐，并保留一定量的呕吐物，以便化验检查。

◆因地制宜急救。

如呼吸急促、脉搏细弱，应进行人工呼吸、吸氧，针刺人中、内关、足三里。

如出现呼吸停止或心跳停止，除人工呼吸外，应立即进行胸外心脏按压。

二、护理安全防护

随着现代医学的发展，护理、药剂、化验等岗位的工作人员接触医疗器械的机会越来越多，因此在医院参加实训的学生的安全，除了与化学品安全有关以外，也涉及其他方面的安全。医院的不同科室，由于工作环境和服务对象不同，均有特定的自我防护要求。护理以及药剂、化验等医务类工作岗位是与人的生命息息相关的职业，其独特的工作环境及服务对象，决定了这些岗位工作人员及实训学生自我防护的特殊性。例如，手术室、口腔科、皮肤科、神经科、急诊室、化验室、发热门诊等科室，医护人员的自我防护要求各有特点。在不同科室参加实训的中职生，应认真向带教护士学习有关自护知识。这里仅着重介绍护理等岗位有关预防暴露和暴力方面的通用知识。

你知道吗

直接暴露带来的安全隐患

护理经常暴露于各种各样的危险中。例如，在注射这个常规操作，护理人员如被刺伤，则可能感染经血液传播的疾病；或者在转运病人、给病人翻身，可能导致护士腰背损伤；另一方面身体长期固定于某一姿势，可能导致手术室护士患颈椎病；同时长期接触抗肿瘤药物，使肿瘤科护士容易受到抗肿瘤药物的毒性反应的危害等。特别是护士每天频繁接触病人的血液、体液、分泌物及排泄物等，这些潜在的感染源对工作人员产生极大的威胁。

1. 对病区空气污染的防护

医院是空气污染相对严重的地方，病毒和细菌就像是无形的杀手，时刻威胁着护理人员的身体健康。因一般呼吸道传染病是通过空气飞沫经呼吸道感染的，医院除了保持空气流通，定期对空气消毒以外，还有重要的一点就是护士一定要戴好口罩。需注意的是，口罩的使用与保存如果不正确，不仅起不到防护作用，还能增加病毒、细菌进入人体的机会。

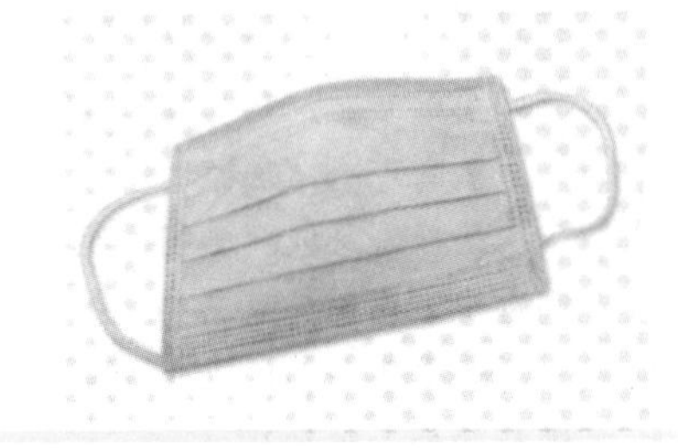

医护人员戴口罩时，口罩上缘应在距下眼睑 1 厘米处，口罩下缘要包住下巴，口罩四周要遮掩严密。不戴时应将贴脸部的一面叠于内侧放置在无菌袋中，杜绝将口罩随便放置在工作服兜内，更不能将内侧朝外，挂在胸前。

真正起防护作用的口罩，其厚度应在 20 层纱布以上。一般情况下，口罩使用 4 ~ 8 小时更换一次。若接触严密隔离的传染病人，应立即更换。每次更换后用消毒洗涤液清洗。传染科工作人员的口罩应每天集中先消毒，后清洗，再灭菌。如果工作条件允许，提倡使用一次性口罩，4 小时更换一次，用毕丢入污物桶内。

2. 对接触性细菌传染的防护

护士在为病人做晨间护理、换药、输液、注射等操作时，手被污染的机会最多。因此，在工作期间，严禁用手抓头、挖鼻孔、掏耳朵。实习生必须掌握洗手的规范方法。

（1）勤洗手。接触患者前后，特别是接触破损的皮肤、黏膜的侵入性操作前后；进行无菌操作前后和进入重点隔离病房时，戴口罩、穿脱隔离衣前后；在同一患者身上，从污染操作转为清洁操作时；接触血液、体液和被污染的物品后，都应洗手。

（2）洗手方法。实训中职生在洗手过程中一定要规范认真，充分搓洗 10 分钟以上，注意克服不良习惯，如用洗净的手触摸水龙头或洗完手后随意在工作服上擦拭等。若手部接触传染病人及高度危险器械，应按照卫生手消毒法消毒。

戴手套是洗手的辅助手段，但必须及时更换，用同一副手套接触多个病人会增加患者之间交叉感染的机会。护士自己的工作服、工作帽及护士鞋都应每周洗刷消毒 1 ~ 2 次，工作服兜里的医用笔、办公钥匙以及手表、工作卡等，都应每天用消毒液擦拭清洗一次。

3. 对血液、体液传染的防护

护理、化验等岗位是最容易接触病人血液和体液的人群，而且多为高度危险性接触。护士如被各种锐器刺伤后，接触到含病毒浓度高的血液、体液时，只需 0.004 毫升带乙肝病毒的血液就足以使护士感染。因此，护士在操作中应牢固树立自我保护意识，如打开玻璃安剖时，用棉球垫于安剖与手指之间，用力均匀适当；对各类针头、刀片等利器，使用后应装入坚固不渗漏的容器内集中储存处理；为病人使用过的利器，在传递中应用金属容器盛放等。

病人的血液或体液不慎飞溅到眼中，应立即用消毒滴眼液做好清洗和保护，工作服或各种私有物品染上病人血液或体液时，应及时用 3%过氧化氢溶液消毒并除去血渍。

护士因工作在高危环境中，必须注意饮食结构，保持乐观情绪，加强锻炼，增强自身抵抗力，并按规定的免疫程序接种各种疫苗，如乙肝疫苗、流感疫苗等。

4. 对放射损伤的防护

X 线损伤为医护人员最常见的放射损伤。长期接触 X 线可对人体造成很多伤害，如植物神经功能紊乱、造血功能低下、品状体混浊甚至诱发肿瘤等。

（1）时间防护。护士在护理带有放射源的病人时尽量缩短接触时间，因此要求护士事先做好护理计划，安排好护理步骤，进入室内按次序要求，争取短时间内做完。

（2）屏障防护。屏障防护虽然有防护作用，但对高能量射线的防护屏蔽作用较小。用 2 厘米左右的铅制屏蔽，可使铱或铯的辐射量减少约 9%，但对放射源镭则远远不够。

（3）距离防护。最有效减少射线的方法是增加距离。为带有放射源的病人进行护理时，应注意保持一定的距离。

（4）遵循规程。注射过程中应严格遵循放射性物质操作规程，尽可能避免或减少放射性照射及污染；在抽取及注射药液时，应确认注射针头与注射器安装紧固，否则易引起药液溅出，造成放射性污染；排出注射器内空气应在瓶内进行，以避免污染别处。

对放射源污染的物品如器械、敷料以及病人的排泄物、体液等的处理，应与有关部门取得联系。必须在去除放射性污染后方能处理或重新使用，处理时应戴双层手套以防手部污染。

（5）定期体检。要注意剂量限制。被照射的工作人员必须进行剂量监测，剂量仪精确显示工作人员的职业放射量并每月检查剂量记录值。一般一年进行 1 次体检。如一次照射超过年最大允许剂量者，应及时进行体检并做必要的处理。

5. 对艾滋病病毒的防护

不同科室的自我防护要求不同，现仅以艾滋病防护知识为例，说明不同科室的防护特点。

（1）艾滋病病毒职业暴露。艾滋病病毒职业暴露的暴露源，均为体液、血液或者含有体液、血液的医疗器械、物品。医务人员接触这些病源物质时，必须采取防护措施。

你知道吗

艾滋病病毒职业暴露

艾滋病病毒职业暴露分以下3级：

◆ 一级暴露：暴露类型为暴露源沾染了有损伤的皮肤或者黏膜，暴露量小且暴露时间较短。

◆ 二级暴露：暴露类型为暴露源沾染了有损伤的皮肤或者黏膜，暴露量大且暴露时间较长；暴露类型为暴露源刺伤或者割伤皮肤，但损伤程度较轻，为表皮擦伤或者针刺伤。

◆ 三级暴露：暴露类型为暴露源刺伤或者割伤皮肤，但损伤程度较重，为深部伤口或者割伤物有明显可见的血液。

（2）接触病源物质应采取的防护措施。

- 医务人员进行有可能接触病人血液、体液的诊疗和护理操作时，必须戴手套，操作完毕，脱去手套后立即洗手，必要时进行手消毒。
- 在诊疗、护理操作过程中，有可能发生血液、体液飞溅到医务人员的面部时，医务人员应当戴手套、具有防渗透性能的口罩、防护眼镜；有可能发生血液、体液大面积飞溅或者有可能污染医务人员的身体时，还应当穿戴具有防渗透性能的隔离衣或者围裙。
- 医务人员手部皮肤发生破损，在进行有可能接触病人血液、体液的诊疗和护理操作时，必须戴双层手套。
- 医务人员在进行侵袭性诊疗、护理操作过程中，要保证充足的光线，并特别注意防止被针头、缝合针、刀片等锐器刺伤或者划伤。
- 使用后的锐器应当直接放入耐刺、防渗漏的利器盒内，或者利用针头处理设备进行安全处置，也可以使用具有安全性能的注射器、输液器等医用锐器，以防刺伤。禁止将使用后的一次性针头重新套上针头套，禁止用手直接接触使用后的针头、刀片等锐器。

（3）发生职业暴露后的处理措施

- 用肥皂液和流动水清洗污染的皮肤，用生理盐水冲洗黏膜。
- 如有伤口，应当在伤口旁端轻轻挤压，尽可能挤出损伤处的血液，再用肥皂液和流动水进行冲洗；禁止进行伤口的局部挤压。

受伤部位的伤口冲洗后，应当用消毒液，如 75% 酒精或 0.5% 碘酒进行消毒，并包扎伤口；被暴露的黏膜，应当反复用生理盐水冲洗干净。

医务人员发生艾滋病病毒职业暴露后，应接受医疗卫生机构的随访和咨询。即在暴露后的第 4 周、第 8 周、第 12 周及 6 个月时，对艾滋病病毒抗体进行检测，对服用药物的毒性进行监控和处理，观察记录艾滋病病毒感染的早期症状等。

6. 因暴力引起的安全隐患

暴力是故意利用身体的力度或强度，威胁自己、他人或一个群体，导致或可能导致身体的伤害、死亡、心理伤害、畸形发展或功能丧失。发生在工作场所的暴力，特别是卫生保健服务行业的暴力事件比较高。医院内暴力常由病患者家属或本人因患者或自身病因问题与医院方发生分歧，病患方失去控制时引起。针对护理人员暴力有如下特点：

❶ 暴力攻击目标直指护士。

尽管任何医院工作人员都可能成为暴力的受害者，但护士直接面对患者，在危重病人多时，长期处于紧张状态，紧张压抑的心情长期得不到宣泄，导致身心疲劳，容易直接与患者及其家属发生矛盾，成为施暴的对象。

❷ 容易发生暴力的地点和时间。

医院中针对护士的暴力最常发生在急诊室、手术科室、精神病病房、候诊室、老年科等地方，以及走廊、房间等灯光暗淡处。

最常发生于夜间或中午等人手不足时，病人长时间候诊时，候诊或就诊室过度拥挤时，护士单独为病人治疗护理时。

7. 护理人员防止遭受暴力的措施及自我保护

（1）提高服务意识和专业技能。护理人员应提高服务意识，满足病人的合理要求。护理人员应树立以病人为中心的服务意识，在尽可能的范围内满足病人的需要，建立良好的护患关系。加强职业道德行为养成，提高自身素质。严格执行各项规章制度，加强工作责任心。护士的素质高低直接影响医院的整体形象，护士要有自然、坦诚、负责的言行，消除消极的情绪，培养沉着自信、善于思考、严格审慎的人格特征，激发不断进取、完善自我的工作热情，以病人之忧为忧、以病人之乐为乐。

高度的责任感是实现自我保护的关键。护理工作面对“人”这一特殊的服务对象，护理过失可直接导致病人的疾苦和生命安危，是影响医疗质量的重要因素。一旦出现事故，造成的损失将是无法挽回和弥补的。护士要对业务精益求精，对工作极端的负责任。认真负责的作风是防止一切责任事故发生的关键。

护理人员必须不断钻研和提高业务能力，提高为病人服务的技能。要精通护理基础理论、专业基础知识和护理基本技能，熟悉掌握各专科的护理要点，不断更新知识，主动接受继续教育，增加思维的深度和广度，提高突发事件的应急能力。工作中做到求真务实，技术上做到精益求精，才能适应社会的需要、患者的需要，杜绝护理纠纷的发生。

（2）学会用法律知识维护自身权益。认真学习《医疗事故处理条例》《消毒管理办法》《中华人民共和国传染病防治法（2013 修正）》等法律知识，做到知法、懂法、守法，用法来规范护理行为。在保障病人的合法权益的同时，善于充分阐述法律依据，拒绝病人的非法要求，学会用法律知识维护自身权益，避免医疗纠纷，维护正常医疗秩序。

在发生暴力事件后，要保留被暴力侵犯的证据，以使行凶者难以逃脱法律制裁。在进行护理治疗过程中，对患者及家属疑似输液、输血、注射等原因引起的不良后果，执行护士应立即保存实物，并向科主任、护士长汇报，同时向医务处汇报，在各方面证据齐全的情况下，医患双方共同进行封存和启封。

规范书写的护理文件是在医疗纠纷中支持医院、医生、护士的关键证据。护理文件是病历的重要组成部分，是护理过程的原始记录。护理记录的书写应遵循客观、真实、及时、完整及合法的原则。提高护理记录的书写质量，防止护理记录中的缺陷，是减少护理纠纷和自我保护的重要措施。

见习护士和护生是非注册护士，不具备职业资格，只能在执业护士的严密监督和指导下，为病人实施护理。如果在执业护士的指导下，非注册护士因操作不当给病人造成伤害，可以不负法律责任。但如果未经带教老师批准，擅自独立操作造成了病人的损害，则必须承担法律责任，病人有权利要他作出经济赔偿。所以，非注册护士进入临床前，应该明确自己法定的职责范围。

你知道吗

病历的书写规范

护理人员应具有法律意识，严格执行《病历书写基本规范》的要求，书写中注意衔接紧密，字迹工整、清楚、表述准确。书写时如出现错字、错句时，要用蓝、黑墨水在错字、错句下面画双线，不得用刮、涂、粘、贴等方面掩盖或去除原来的字迹。书写完毕，由执行护士签名，实习护士应由带教老师复签名。在抢救过程中如不能及时完成记录，应在抢救工作结束后 6 小时内及时书写并补全护理记录，并注明补记的时间。

护理记录的内容、时间应与医生的记录相一致。虽然护士在护理活动过程中无过失，但是由于护理记录的缺陷，破坏了护理记录的法律凭证作用，在医疗纠纷中护士同样会承担不该承担的责任。

（3）增强心理素质，提高心理护理能力。护理工作的职责是预防疾病、保护生命、减轻痛苦、增进健康，为人类的健康事业尽人道主义义务。护士用自己的智慧与双手帮助病人减轻痛苦，获得生命延续或健康，也给其家人带来幸福和快乐。护理工作是知识、技术、爱心的结合。

护理工作对心理素质要求很高。护士心理活动往往表现在情绪变化上，面部表情对患者有着直接的感染作用。护士必须做到以积极的态度、和善可敬的表情及举止，让病人有一种可亲、可敬、可信赖的良好印象和安全感，不可因自己不稳定的情绪影响病人。护士必须具备真挚的同情心，对病人的病情观察要仔细，边观察边思考，判断和预感病人的疾苦和需要。

护理工作要善于“看人下菜碟”，善于对不同年龄、不同职业、不同情况的病人，给予针对性强的心理护理。例如，急性病人与慢性病人、住院病人与门诊病人、传染科病人与其他科室病人、重危病人与一般病人、青年病人与高龄病人、男性病人与女性病人的心理不同，所需要的心理护理也不同。在护理岗位实训的人员，必须掌握有关心理知识，向带教老师虚心求教，在实践中积累心理护理的经验。

此外，护理工作的特点会造成护理人员的心理压力比较大，要在工作之余学会自我心理调节。采取放松自己的技巧，提高自身的适应能力，从容地面对压力，尽量缓解恐惧和紧张的心理，给自己创造一个轻松的工作环境。要充分利用空余时间进行业务学习，与外界人士广泛交流，保证充足的睡眠，可通过听一些舒缓的音乐、散步、体育锻炼等方式来缓解心理压力。通过体现护士在护理工作中的价值，保持心情舒畅、身心健康的良好心理状态。

（4）提高沟通技巧。护理人员工作在临床第一线，与患者接触密切，护理人员的一言一行直接影响患者。患者来自四面八方，文化层次、职业差别很大，又因疾病折磨，往往情绪低落，焦虑、急躁。护理人员服务态度稍有不慎，或语言生硬，或出言不逊，极易激怒患者，产生纠纷。

语言是人类心灵的窗口，护士应当使用治疗语言，以安慰性、理解性、保护性的语言对话，进行护患交流。护理人员在沟通时应灵活掌握说话的艺术技巧，对患者应用尊称，以体现对患者的尊敬，使之增加对护理人员的信任，消除恐惧感。在谈话过程中注意面带笑容、态度温和、谈吐大方。用朴实而又灵活的语言来回答病人的各种提问，相反不耐烦的语言则会带来不良后果。

在护理操作治疗前，应认真履行告知义务，向患者解释治疗的目的、用药后的疗效及有可能出现的不良反应等。对特殊治疗、护理、检查者，应认真执行同意签字手续，以维护患者的知情权。让患者明白既然要接受医疗服务，就要接受可能受到损害的风险。

对患者及家属所提出的疑问，应尽量用通俗易懂的语言，如实向患者及家属告之病情、治疗措施方案、医疗风险等。但要注意适度，以避免不利后果。在与危重病人家属进行谈话时，一定要有第三者在场，充分利用旁证因素保护自己。

在暴力事件已经发生时，护理人员应控制情绪，在保护自己的身体不受伤害的同时，坚持与患者或其家属耐心、无偏见地沟通，防止事件扩大。此外，护士可以通过学习相关案例来汲取经验教训，识别可能发生暴力的信号，学习一些脱离、回避方法以及适当的防卫技术。

你知道吗

护患的有效沟通技巧

为了减少护患矛盾冲突，建立良好护患关系，也为提高护理工作质量，护理人员掌应握一些常用沟通技巧并合理运用。

◆ 倾听

在护患沟通中，护理人员首先必须是一个好的倾听者。在认真倾听患者谈话内容的同时，要注意通过患者说话的声调、频率、面部表情、身体姿势及动作等，尽可能捕捉、理解患者所传达的所有信息。

◆ 反映

反映是帮助患者控制自己情感的技巧。在护患沟通中，护士除了仔细倾听和观察患者的非语言表现外，还应该掌握并正确运用有关表达情感的词汇；应用引导性的谈话，鼓励患者显露自己的情绪、情感；运用恰当的移情，建立护患之间的相互信任关系。

◆ 提问

在护患沟通中，护理人员恰当地提出问题，能够促进、鼓励患者提供更多的信息，有助于和谐关系的建立。

提问应紧紧围绕谈话内容，不应漫无边际地提问；所提问内容应该少而精并适合患者的理解水平，尽量将术语解释清楚。在沟通中遇到某一问题未能获得明确解释时，应在等待对方充分表达的基础上再提出问题，避免过早提问打断思路而显得没有礼貌，过晚提问而产生误解。提问时话说得过快、语言生硬、语调过高、句式不协调，容易使患者反感，不愿意回答；说得过慢，患者心里焦急，容易不耐烦。

要避免提问一些不愉快的问题，不可以借助提问，强迫患者同意自己的观点。

◆ 澄清和阐明

澄清是将患者一些模棱两可、含糊不清、不够完整的陈述弄清楚。澄清有助于找出问题的症结所在，有助于增强沟通中的准确性。阐明是护理人员对患者所表达的问题进行解释的过程，目的是为患者提供一个新的观点。

◆ 触摸

在护患沟通中，护士使用适当的触摸可以起到治疗作用，能表达关心、理解和支持，使情绪不稳定的患者平静下来，触摸也是护士与视觉、听觉有障碍的患者进行有效沟通的重要方法。

知识点 5 实验室和计算机房安全防范

一、实验室安全操作

实验室虽然与模拟仿真实训场地有区别，却是验证、学习专业理论不可缺少的教学环节，有的内容就是中职生所学专业对应职业群的基本通用技能。作为化学实验室安全责任人责任重大，不仅要确保实验时学生的人员安全，也要确保实验室财产的安全。同时也要考虑实验排放物对环境的安全，每次做实验前，教师设计实验时都要充分考虑实验的可操作性及安全性，学生进入实验室做实验前，都要讲透实验目的、实验方法及实验注意事项，以确保学生实验过程的安全性，杜绝一切不安全因素。

1. 实验室安全事故的主要类型

中等职业学校设置的众多实验室内，有的使用种类繁多的化学药品、易燃易爆物品和剧毒物品，有的实验要在高温度、高压力或者超低温、真空、强磁、微波、辐射、高电压和高转速等特殊环境下或条件下进行，有的实验会排放有毒物质。实验室安全事故主要表现为火灾、爆炸、毒害、机电伤人及设备损坏、盗窃等。此外，温度、振动、噪声、低辐射、微放射性、微毒等可能慢性影响人身健康，也应引起重视。

（1）火灾性事故。火灾性事故的发生具有普遍性，几乎所有的实验室都可能发生。酿成这类事故的直接原因是：忘记关电源，致使设备或用电器具通电时间过长，温度过高，引起着火；操作不慎或使用不当，使火源接触易燃物质，引起着火；供电线路老化、超负荷运行，导致线路发热，引起着火；乱扔烟头，接触易燃物质，引起着火。

（2）**机电伤人性事故。**机电伤人性事故多发生在有高速旋转或冲击运动的机械实验室，或要带电作业的电气实验室和一些有高温产生的实验室。事故表现和直接原因是：操作不当或缺少防护，造成挤压、甩脱和碰撞伤人；违反操作规程或因设备设施老化而存在故障和缺陷，造成漏电触电和电弧火花伤人；使用不当造成高温气体、液体对人的伤害。

（3）**设备损坏性事故。**设备损坏性事故多发生在用电加热的实验室。事故表现和直接原因是：由于线路故障或雷击造成突然停电，致使被加热的介质不能按要求恢复原来状态造成设备损坏。

（4）**爆炸性事故。**爆炸性事故多发生在具有易燃易爆物品和压力容器的实验室。酿成这类事故的直接原因是：违反操作规程，引燃易燃物品，进而导致爆炸；设备老化，存在故障或缺陷，造成易燃易爆物品泄漏，遇火花而引起爆炸。

（5）**毒害性事故。**毒害性事故多发生在具有化学药品和剧毒物质的实验室和具有毒气排放的实验室。酿成这类事故的直接原因是：违反操作规程，将食物带进有毒物的实验室，造成误食中毒；设备设施老化，存在故障或缺陷，造成有毒物质泄漏或有毒气体排放不出，酿成中毒；管理不善，造成有毒物品散落流失，引起环境污染；废水排放管路受阻或失修改道，造成有毒废水未经处理而流出，引起环境污染。

2. 中职生在实验室里必须遵守的基本要求

- 未经许可不得擅自进入实验室。
- 实验前，必须认真复习有关理论知识，预习实验要求，认真领会操作规程和安全注意事项。
- 实验中，严格按照要求，安全、合理地摆放和使用各类化学试剂、仪器仪表、压缩气体钢瓶和高压容器等设备，严禁违章操作。废气、废物、废液按规定妥善处理，不得随意丢弃污染环境。在实验过程中，不得随意走动、谈笑，严禁打闹。
- 实验后，按要求做好实验记录和实验室卫生保洁，认真检查并及时关闭电源、水源、气源和门窗。

实验室硬件上，学校也要花一番工夫，有红外线感应监视仪器，安全责任人做到每天下班开启，并做好登记工作，使无人状态的实验室在保安公司的监视下，以确保实验室的安全，另外安装防盗门和防盗窗进一步确保实验室的安全。同时，每天上下班做好“三清”和“三关”工作，不得有半点马虎，以确保实验室财产的安全。

二、计算机房安全操作

1. 机房安全的注意要点

网络安全迄今为止还是一种正在发展中的技术，机房作为中职生学习了解外界的地方，使用时更应注意安全：

- 不要随意在网站填写真实信息。网站的“保密”承诺并不完全可靠，如果不是十分必要，尽量少让人知道你的“底细”。正规的网站不会用电子邮件“索要”的方式，而会让你去他的网站做相关操作。
- 不要在公用电脑里进行个人信息输入。黑客在技术上可以在电脑中安装能记录你一切操作的软件。
- 不要打开不明来源和陌生人邮件的附件，这是防止“中毒”的有效方法。
- 不要随意访问陌生网站，不要轻易安装软件，不要访问不了解的网站，特别是那些色情网站，这些网站会强制修改你的浏览器设置。

2. 中职生维护机房安全的基本要求

为了加强计算机机房安全管理，维护计算机机房的正常秩序，保证师生良好的学习环境，在计算机机房必须做到以下基本要求：

- 上机者必须遵守机房的各项管理规定，服从机房工作人员的管理和安排。学生应按上机课表准时上课，不得迟到或早退。整班上机实验时，需有指导教师的指导，在无指导教师时不得进入机房。上机期间，禁止进行与实验课程无关的操作。
- 没有机房工作人员或指导教师的允许，学生不得操作总闸开关，不准私自打开机箱和拔插各种连线，严禁私自搬移设备。注意防止火灾、水害、雷电、静电、灰尘、强磁场、摔砸撞击等自然或人为因素对计算机的危害，要注意保证计算机运行环境和辅助保障系统的可靠性、安全性。
- 不得随意修改计算机配置及参数，遵守安全操作程序，不准删除系统文件，发现异常情况及时向管理员汇报。养成文件备份的好习惯。首先是系统软件的备份，重要的软件要多备份并进行写保护，有了系统软件备份就能迅速恢复被病毒破坏或因误操作被破坏的系统。其次是重要数据备份，不要以为硬盘是永不消失的保险数据库。

- 禁止私自带移动存储设备进入机房。如需使用磁盘，须事先交机房工作人员检查后方可操作。防止计算机病毒侵害电脑，要使用正版软件，不要使用盗版软件或来路不明的软件。从网络上下载免费软件要慎重，注意电子邮件的安全可靠性。不要自己制作或试验病毒。重创世界计算机界的CIH病毒，据说是我国台湾的一个中职生制作的，它给全世界带来了非常严重的电子灾难。
- 应在指定机台操作，保管好自己的私人物品，不得随意走动、说笑，保持机房安静。保持机房清洁卫生，严禁在机房内抽烟、吃零食、乱扔废弃物和吐痰。
- 禁止在计算机房观看、拷贝、传播反动、迷信等不健康内容。要树立计算机安全观念，心理上要设防。网络虽好，可是安全问题丛生，网络陷阱密布，“黑客”伺机作案，病毒层出不穷。
- 离开计算机房时，要安全关闭计算机，确保下机后电源断开、门窗关严锁好。注意防止盗窃计算机案件，在高校经常会发生此类案件。小偷趁学生疏忽、节假日外出、夜晚睡觉不关房门或外出不锁门等机会，偷盗台式电脑、笔记本电脑或掌上电脑，或者偷拆走电脑的CPU、硬盘、内存条等部件，给学生造成学习困难和经济损失。

你知道吗

如何防止电脑静电

如何防止静电带来的危害，分析静电对计算机设备的影响，找出静电产生的根源，减少以致消除静电是一个不可忽视的课题。

减少静电对计算机设备的影响除采用防静电地板和隔离墙外，一般多采用接地屏蔽的方法，其中，设备的外壳接地是最基本的防静电措施，要求计算机本身具备一套合理的接地和屏蔽系统，这样当静电带电体触及计算机机壳放电时，静电就能通过接地异线漏泄入地而不至于引起系统运行故障，通常静电瞬间电势过高，很容易引起接地电位的波动。其次，要尽量切断静电噪声侵入音频通道，在跳接音频和数字线时应尽量采用屏蔽线，应将屏蔽线的外绝缘皮良好地接地，从而泄漏掉聚集在周围的电荷。

1. 简要分析化学品发生安全事故的原因。

2. 当化学试剂不慎溅入眼中时，应如何紧急处理？

3. 简述当触电者脱离电源后的救护方法。

4. 请问高空作业的基本要求是什么？

5. 起重作业中的安全防护措施包括哪几方面内容？

6. 饲养业中，孵化厂和育雏室防治禽流感的措施有哪些？

7. 简述农药安全存放和安全使用的原则。

8. 护理作业中接触病源物质时应采取哪些防护措施？